国家提升专业服务产业发展能力建设项目成果
国家骨干高职院校建设项目成果
机械制造与自动化专业

电火花加工技术

主　编　丁　晖
副主编　钟凤芝　陈　强
参　编　肖红军　高世杰　贺　鹏
主　审　刘　滨　高　波

机械工业出版社

本书主要介绍电火花成形加工、电火花线切割加工的基本原理、特点、应用范围、操作及加工实例。本书共设四个学习情境，每个学习情境中有不同的任务，每个任务都包括资讯、计划、决策、实施、检查评价、实践中常见问题解析等内容。

全书紧扣职业标准中关于电火花加工、电火花机床操作的要求，突出职业教育特色，注重实用性，对传统的电火花加工技术教学内容及课程进行了调整。本书既可作为高等职业院校模具设计与制造、机械制造与自动化专业的教学用书，也可作为企业有关工种职工的培训教材，还可以作为从事数控加工的工程技术人员的参考用书。

图书在版编目（CIP）数据

电火花加工技术/丁晖主编. —北京：机械工业出版社，2015.8

国家提升专业服务产业发展能力建设项目成果. 国家骨干高职院校建设项目成果. 机械制造与自动化专业

ISBN 978-7-111-51197-7

Ⅰ.①电… Ⅱ.①丁… Ⅲ.①电火花加工-高等职业教育-教材 Ⅳ.①TG661

中国版本图书馆 CIP 数据核字（2015）第 199023 号

机械工业出版社（北京市百万庄大街22号 邮政编码100037）

策划编辑：王海峰 责任编辑：王海峰 版式设计：霍永明

责任校对：陈 越 封面设计：鞠 杨 责任印制：李 洋

北京京丰印刷厂印刷

2016年1月第1版·第1次印刷

184mm×260mm·12印张·290千字

0 001—2 000册

标准书号：ISBN 978-7-111-51197-7

定价：27.00元

哈尔滨职业技术学院机械制造与自动化专业
教材编审委员会

编 写 说 明

高等职业教育肩负着培养面向生产、建设、服务和管理第一线需要的高素质技术技能型人才的重要使命。在“以就业为导向，以服务为宗旨”的职业教学目标下，基于工作过程的课程开发思想得到了广泛应用，以“工作内容”为依据组织课程内容，以学习性工作任务为载体设计教学活动，是高职教育课程体系改革和教学设计的主流。近年来，高职教育一线教育工作者一直在不断探索高职课程体系、教学模式和教学方法等方面的改革，在基于工作过程的课程开发思想指导下，有关高职教育的课程体系、教学模式和教学方法等改革已经较普遍，但是与该类教学改革实践紧密结合的工学结合特色教材却很少。因此，结合专业课程改革，编写出适用的工学结合特色教材是当前高职教育工作者的一项重要任务和使命。

哈尔滨职业技术学院于2010年11月被确定为国家骨干高职院校建设单位以来，努力在创新办学体制机制，推进校企合作办学、合作育人、合作就业、合作发展的进程中，以专业建设为核心，以课程改革为抓手，以教学条件建设为支撑，全面提升办学水平。哈尔滨职业技术学院的机械制造与自动化专业既是国家骨干高职院校央财支持的重点专业——模具设计与制造专业群中的建设专业，同时也是国家提升专业服务产业发展能力的建设专业，学院按照职业成长规律和认知规律，以服务东北老工业基地为宗旨，与哈尔滨轴承制造有限公司、哈尔滨汽轮机厂有限责任公司、哈尔滨飞机制造有限公司等大型企业合作，将机械制造与自动化专业建成具有引领作用的机械制造领域高素质技术技能型专门人才培养的重要基地。

该专业以专业岗位工作任务和岗位职业能力分析为依据，创新了“校企共育、能力递进、技能对接”人才培养模式，按照以下步骤进行课程开发：企业调研、岗位（群）工作任务和职业能力分析、典型工作任务确定、行动领域归纳、学习领域转换、教学情境设计、行动导向教学实施、教学评价与反馈，构建了基于机械制造工作过程系统化的课程体系，按照工作岗位对知识、能力和素质的要求，全面培养学生的专业能力、方法能力和社会能力。该专业以真实的机械制造工作过程为导向，以典型机械产品和零件为载体开发了7门专业核心课程，采用行动导向、任务驱动的“教学做一体化”教学模式，实现工作任务与学习任务的紧密结合。

机械制造与自动化专业课程改革体现出以下特点：企业优秀技术人员参与课程开发；企业提供典型任务案例；学习任务与实际生产工作过程相结合；采用六步教学法，配有任务单、资讯单、信息单、计划单、实施单、作业单、检查单、评价单、反馈单等教学材料，学生在每一步任务的完成过程中，都有反映其成果的可检验材料。

高职教材是教学资源建设的重要组成部分，更是能否体现高职教育特色的关键，为此学院成立了由职业教育专家、企业技术专家、专业核心课程教师组成的机械制造与自动化专业教材编审委员会。专业结合课程改革和建设实践，编写了本套工学结合特色教材，由机械工业出版社出版，展示课程改革成果，为更好地推进国家骨干高职院校建设和国家提升专业服务产业发展能力建设及课程改革做出积极贡献！

哈尔滨职业技术学院

机械制造与自动化专业教材编审委员会

前　言

随着职业教育教学改革的不断深化，为提高学生的职业能力，培养高素质技能型人才，本教材以真实的工作任务或实际产品为载体，以校企双方参与课程开发与实施为主要途径，以学生为主体，以教师为主导，以培养学生职业道德、综合职业能力和创业与就业能力为重点，进行课程改革与建设。编者在教材编写过程中深入企业调研，感觉到毕业生迫切需要具有能加工各种使用传统工艺难以加工的材料、复杂表面和某些模具制造企业有特殊要求零件的能力。教材打破原有学科体系框架，以项目为载体，将知识和技能整合，培养学生电加工机床编程、操作和维护的能力。同时，通过这样的学习训练，学生的自主学习意识、团队合作精神、独立解决问题的能力也能得到大幅提升。

本教材的编写特色有以下几方面。

1. 以工作过程为导向的编写模式，突出高职教育特色

教材编写模式借鉴德国的基于工作过程系统化模式，区别于传统的学科式教材编写模式。按照机械制造与自动化、数控技术、模具设计与制造专业职业岗位群的工作过程要求和技能要求，确定本课程的教学目标，使学生掌握电加工机床的基本结构、用途与应用方法，常用加工工艺等基本知识，为后续课程学习和以后从事生产技术工作奠定必要的知识基础和初步的专业技能。各学习情境开篇编有学习目标，以突出每一学习情境的学习要点和技能目标，强调课程应用性。融“教、学、做”为一体，每个学习任务都按照资讯、计划、决策、实施、检查、评估等教学过程编写。

2. 以真实零件加工为载体组织教学内容，分析岗位技能，提炼典型任务

根据本学习领域的职业岗位，开展专业岗位调研。学习情境基于企业真实生产任务，融入高级车工、铣工职业标准。结合机制专业的知识、能力、素质要求，将实际任务整合、归纳出学习任务，以典型加工零件为导向制订实施方案，将模具企业中经常加工的常用零件引入，采用六步教学法教会学生专业能力、方法能力与社会能力。教学情境由浅入深，注重调动学生学习的积极性和主体作用，培养学生自主学习能力。

3. 组建校企合作的编写团队，确保教材内容贴近真实生产环境

教材编写团队由行业、企业专家与教师共同组成，共同探讨、研究，校企资源共享，充分发挥企业资源优势，从最初的框架构思到具体内容的编排及教材的配套均以真实环境中的工作任务为依据，引领知识、技能和态度，让学生在完成工作任务的过程中掌握技能、学习专业术语及其相关知识，培养学生的综合职业能力。同时注重学生自主学习意识、团队合作精神、独立解决问题的能力培养。学习情境与学习任务的确定由经验丰富的一线教师和企业专家共同完成。

本教材从数控电火花加工实训要求出发，设置 4 大学习情境，12 个学习任务。以学生完成每个任务为抓手来开展教学。在学生完成任务的同时，掌握电火花加工原理、工艺分析、编程、工艺装配、工件装夹、机床操作等核心内容。通过这样的学习训练，使学生自主学习意识、团队合作精神、独立解决问题的能力得到大幅提升。

本教材由哈尔滨职业技术学院丁晖主编并统稿，编写分工如下：哈尔滨职业技术学院丁晖编写学习情境1中的任务1.1、学习情境2中的任务2.1、学习情境4中的任务4.1；哈尔滨职业技术学院钟凤芝编写学习情境2中的任务2.2、学习情境3；哈尔滨汽轮机厂有限责任公司贺鹏编写学习情境1中的任务1.3；哈尔滨职业技术学院肖红军编写学习情境1中的任务1.2、学习情境4中的任务4.2；哈尔滨职业技术学院高世杰编写学习情境4中的任务4.3；哈尔滨职业技术学院陈强编写学习情境2中的任务2.3。本教材由哈尔滨汽轮机厂有限责任公司刘滨、哈尔滨职业技术学院高波担任主审。

本教材在编写过程中，与有关企业和兄弟院校进行合作，得到了企业专家、专业技术人员和兄弟院校的大力支持，哈尔滨电机厂有限责任公司李强、哈尔滨帝朗机电设备有限公司程继森、黑龙江农业工程职业学院戚克强、黑龙江职业学院柳河等对教材提出了许多宝贵意见和建议，在此特向上述人员表示衷心的感谢！同时感谢全体参编及主审人员为教材编写所做的各项努力。

限于编者水平以及电火花加工技术的迅速发展，教材中难免有不足之处，敬请读者批评指正，我们将及时改进和完善。

编　者

目　录

学习情境1

数控电火花成形机床操作

【学习目标】

学生在教师的讲解和引导下，掌握数控电火花成形加工的工艺分析及编程方法，能够进行数控电火花成形机床零件的装夹与找正，掌握数控电火花成形机床的基本操作方法。

【工作任务】

1. 数控编程指令。
2. 工件和工具电极的装夹与找正。
3. 电火花成形加工的操作步骤。

【情境描述】

电火花成形机床主要由主机（包括自动调节系统的执行部分）、脉冲电源、自动进给调

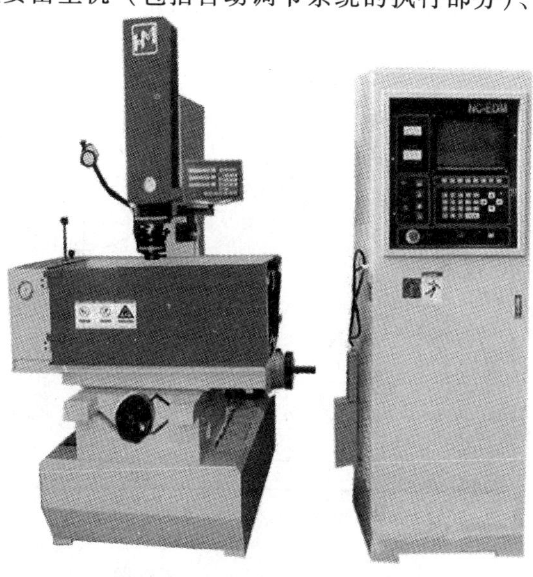

图1-1　典型电火花成形机床

节系统、工作液净化及循环系统等组成。图 1-1 所示为一种典型的电火花成形机床。通过本学习情境 3 个学习任务——数控编程指令、工件和工具电极的装夹与找正、电火花成形加工的操作步骤的学习，学生应掌握数控电火花成形机床操作。

任务 1.1　数控编程指令

1.1.1　任务描述

数控编程指令任务单见表 1-1。

表 1-1　数控编程指令任务单

学习领域	电火花加工技术		
学习情境 1	数控电火花成形机床操作	学时	15 学时
任务 1.1	数控编程指令	学时	5 学时
布置任务			
学习目标	1. 掌握数控电火花成形机床常见指令的功能。 2. 掌握数控电火花成形机床的编程方法。 3. 具备数控电火花成形机床编程的能力。		
任务描述	图 1-2 所示零件外形已加工，留精加工余量 0.5mm，外轮廓粗实线为需要加工的部位，零件厚度为 12mm，要求编制其加工程序。其中工件的编程原点设在 ϕ30mm 孔中心的上方，工具电极半径为 5mm。 工具电极加工路线 (0,55) (50,50) (90,50) (100,50) (105,45) R20 R5 (25,50) 36.9° (−15,20) (0,0) ϕ30 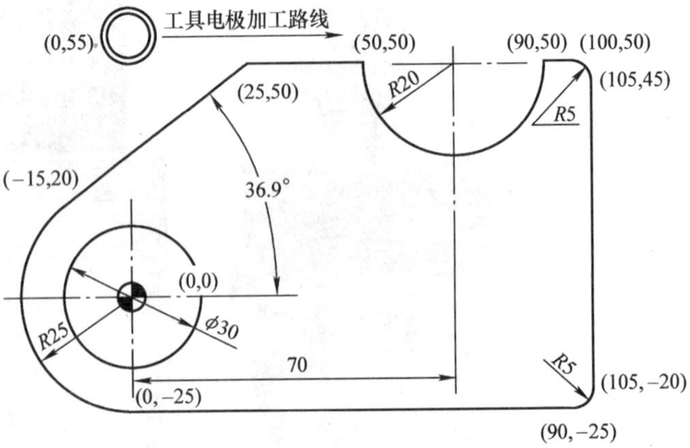 R25 70 R5 (105,−20) (0,−25) (90,−25) 图 1-2　零件图		

任务分析	本任务是数控电火花成形加工的基本任务，要完成该加工任务，学生需要学习常用电火花成形加工的编程指令。				
学时安排	资讯	计划	决策	实施	检查评价
	1 学时	0.5 学时	0.5 学时	2 学时	1 学时
提供资料	1. 汤家荣. 模具特种加工技术. 北京：北京理工大学出版社，2010。 2. 杨武成. 特种加工. 西安：西安电子科技大学出版社，2009。 3. 张若锋，邓健平. 数控加工实训. 北京：机械工业出版社，2011。 4. 周晓宏. 数控加工工艺与设备. 北京：机械工业出版社，2011。 5. 周湛学，刘玉忠. 数控电火花加工及实例详解. 北京：化学工业出版社，2013。 6. 刘晋春，等. 特种加工. 北京：机械工业出版社，2007。 7. 廖慧勇. 数控加工实训教程. 成都：西南交通大学出版社，2007。 8. 刘虹. 数控加工编程及操作. 北京：机械工业出版社，2011。 9. 陈江进，雷黎明. 数控加工编程与操作. 北京：国防工业出版社，2012。				
对学生的要求	1. 能够对任务书进行分析，能够正确理解和描述目标要求。 2. 具有独立思考、善于提问的学习习惯。 3. 具有查询资料和市场调研能力，具备严谨求实和开拓创新的学习态度。 4. 能够执行企业“5S”质量管理体系要求，具备良好的职业意识和社会能力。 5. 具备一定的观察理解和判断分析能力。 6. 具有团队协作、爱岗敬业的精神。 7. 具有一定的创新思维和勇于创新的精神。				

1.1.2 资讯

1. 数控编程指令资讯单（表 1-2）。

表 1-2 数控编程指令资讯单

学习领域	电火花加工技术		
学习情境 1	数控电火花成形机床操作	学时	15 学时
任务 1.1	数控编程指令	学时	5 学时
资讯方式	实物、参考资料		
资讯问题	1. 电火花机床编程格式是什么？ 2. 常用的指令代码有哪些？		

资讯引导	1. 问题1参阅信息单、周晓宏主编的《数控加工工艺与设备》相关内容。 2. 问题2参阅信息单和周湛学、刘玉忠主编的《数控电火花加工及实例详解》相关内容。

2. 数控编程指令信息单（表1-3）。

表1-3　数控编程指令信息单

学习领域	电火花加工技术		
学习情境1	数控电火花成形机床操作	学时	15学时
任务1.1	数控编程指令	学时	5学时
序号	信息内容		
一	知识准备		

目前，模具工业的迅速发展，推动了模具制造技术的进步。电火花加工作为模具制造技术的一个重要分支，被赋予越来越高的加工要求。在数控加工技术发展新形势的影响下，电火花加工技术朝着更深层次、更高水平的数控化方向快速发展。它在复杂、精密小型腔，窄缝，沟槽，拐角，冒孔，深度切削等加工领域得到广泛的应用。

1. 数控电火花加工过程

数控电火花加工过程主要包括以下几点。

1）根据加工图样进行工艺分析，确定加工方案、工艺参数和位移数据。

2）用规定的程序代码和格式编写工件加工程序单，或用自动编程软件进行CAD/CAM工作，直接生成工件的加工程序文件。

3）由手工编写的程序，可以通过数控机床的操作面板输入；由自动编程软件生成的程序，可通过计算机的串行通信接口直接传输到数控机床的数控单元（NCU）。

2. 数控电火花加工的编程要点

数控电火花成形机床都具有多轴数控系统，可以进行较复杂工件的成形加工。模具企业里，数控电火花加工一般是实现成形工具电极的轴向伺服加工。与普通电火花机床相比较，数控电火花成形机床是通过程序来控制整个加工过程的，其优越性反映在自动化、智能化控制，可进行高精度加工，配置有工具电极库，使用时几乎可以实现无人监控加工，而且丰富的机床功能可适应各类加工等。数控电火花加工的编程方式有手动编程和自动编程。

（1）手动编程　手动编程是人工进行具体的程序编制。操作人员必须掌握手动编程的方法，灵活结合运用自动编程。通过手动编程编写数控电火花加工的程序，可以实现用户的个性化操作，灵活进行加工。例如加工前的定位操作可以通过编制程序完成，加工时可根据具体情况选用合适的加工方法编制程序。由于手动编程比较烦琐，因此可以将常用的程序编好后储存于机床硬盘，在以后的加工中调用程序，稍做修改就可使用。

（2）自动编程　自动编程是通过机床的智能编程软件，以人机对话方式确定加工对象和加工条件，自动进行运算并生成指令，只要输入诸如加工开始位置、加工方向、加工深度、工具电极缩放量、表面粗糙度要求、平动方式、平动量等条件，系统即可自动生成加工程序。自动编程是按智能化方式设计的，加工前的定位通过机床系统的加工准备模块来完成（如模块里的找中心、找角、感知、移动等功能），加工程序由机床的自动编程软件来编制。使用智能方式能较方便地完成工件的整个加工过程，但智能方式的这些功能是按照固定方式执行动作、按照固定格式编写程序的，存在一定的局限性，在一些情况下使用不方便，只能使用手工编程。

3. 手动编程的基本要求

熟悉代码的意义和各代码与其他字符的组成格式是手动编程的基本要求。

在数控电火花成形机床中，G代码是常用的准备功能代码，应熟练掌握G代码中的主要指令，如定位指令、插补指令、平面选择指令、抬刀方式指令、工作坐标系指定指令、坐标命令、赋予坐标值指令等。另外还有轴代码、顺序号代码、加工参数代码、机械设备控制代码、辅助功能代码等，也是构成程序的基本元素。熟练掌握各代码的意义以及代码与数据的输入形式，对程序的编写速度，编程的灵活运用，程序的准确性、合理性有直接影响。

4. 程序的编写格式

数控电火花加工程序是按照一定格式编写的。一般程序分为主程序和子程序，机床按照主程序的指令进行工作，当在主程序中有调用子程序指令时，机床就转去执行子程序，遇到子程序中返回主程序的指令时，就返回主程序继续执行主程序指令。机床执行程序的原则是由目前的静止状态按照程序逐步执行，程序中没有指定的条件，则按照当前机床的默认状态执行。编写主程序时先指定加工前的准备状态，如指定工作坐标系、选择绝对或相对坐标、指定工作平面、指定尺寸单位、指定Ⅳ值、指定设备的控制等，然后进行定位，调用加工子程序，编写加工结束的指定状态，最后在主程序的后面编写子程序。子程序通常包括抬刀方式、加工条件号、加工深度、加工完成后的退刀。一般把加工条件放在子程序中，这样便于查看和修改。

5. 平动加工方法的编程

平动加工方法在数控电火花加工中被广泛采用。平动加工有两种运动方式：自由平动和伺服平动。自由平动是指主轴伺服加工时，另外两轴同时按一定轨迹做扩大运动，一直加工到指定深度。伺服平动是指主轴加工到指定深度后，另外两轴按一定的轨迹做扩大运动。编程时可根据具体情况选用平动加工方式。在加工中常用自由平动方式，采用不同的电规准，把加工深度分为多段，加工中随着电规准的减弱，深度的递加，逐段相应地增大平动量。自由平动加工过程中的相对摇动改善了排屑效果，使加工尺寸更容易控制，获得底面与侧面更均匀的表面粗糙度，提高了加工效率。伺服平动常用在加工型腔侧壁的沟槽、环，也可用在其他两轴平动的场合。例如用圆柱形工具电极在工件上横向加工半边圆，这时只能采用圆形伺服平动来修正圆形的尺寸。北京阿奇夏米尔工业电子有限公司SE系列电火花机床的平动编写格式为：自由平动是在加工参数条件后指定平动类型（OBT）和平动量（STEP），如“OBT001 STEP0050”为在*XOY*平面用圆形自由平动方式平动0.05mm；伺服平动是通过指定相应的H值设置平动半径，调用机床储存的相应平动子程序。例如“H910 =0.05，H920 =0.10；M98 P9210”；为在*XOY*平面用圆形伺服平动方式平动0.05mm。两种平动方式都包括多种平动类型，应正确选用和指定，尤其应注意与指定的加工平面的关系。

二	SF510F 型数控电火花成形机床编程指令

数控电火花加工时要使用数控加工程序。下面以北京阿奇夏米尔工业电子有限公司生产的 SF510F 型数控电火花成形机床为例，说明电火花数控加工编程指令。该机床的坐标轴规定如下。

1）左右方向为 *X* 轴，主轴头向工作台右方做相对运动时为正方向。

2）前后方向为 *Y* 轴，主轴头向工作台立柱侧做相对运动时为正方向。

3）上下方向为 *Z* 轴，主轴头向上运动时为正方向。

对于本系统支持的 G00、G01、G02、G03、G04、G17、G18、G19、G20、G21、G54、G90、G91、M00、M02、M98、M99 等指令，其功能和数控铣床相一致，这里不再做说明。

1. 尖角过渡指令 G28、G29

1）G28 为尖角圆弧过渡，在尖角处加一个过渡圆，默认为 G28，如图 1-3a 所示。

2）G29 为尖角直线过渡，在尖角处加三段直线，以避免损伤尖角，如图 1-3b 所示。如果补偿值为 0，则尖角过渡策略无效。

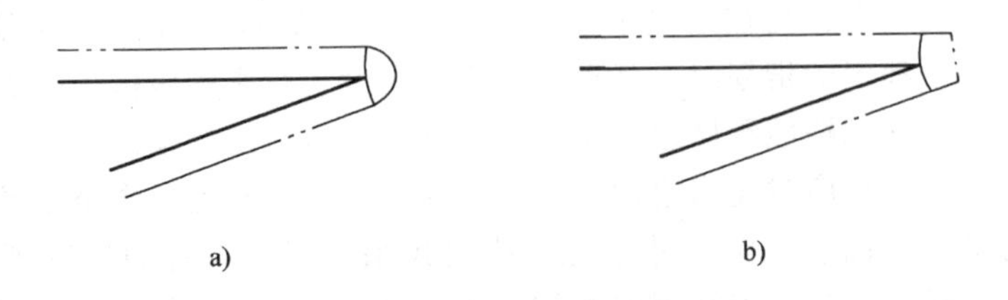

图 1-3　电火花成形机床尖角过渡含义
a）尖角圆弧过渡　b）尖角直线过渡

2. 抬刀控制指令 G30、G31、G32

1）G30 指定抬刀方向，后接轴向指定，例如“G30 Z +；”，即抬刀方向为 *Z* 轴正向。

2）G31 指定按加工路径的反方向抬刀。

3）G32 指定伺服轴回平动中心点后抬刀。

3. 电极半径补偿指令 G40、G41、G42

1）G41 为电极半径左补偿指令。

2）G42 为电极半径右补偿指令。

电极半径补偿是在电极运行轨迹的前进方向上，向左或向右偏移一定量。偏移量由“H × × ×”确定，如“G41 H × × ×；”。

3）G40 为取消电极半径补偿指令。

4. 补偿值（D，H）

补偿值（D，H）较常用的是 H 代码，从 H000 ~ H099 共有 100 个补偿码，可通过赋值语句“H × × × = __；”赋值，范围为 0 ~ 99999999。

5. 感知指令 G80

G80 指定轴沿指定方向前进，直到电极与工件接触为止。方向用 +、- 号表示（+、- 号均不能省略），例如“G80 X -;”表示使电极沿 X 轴负方向以感知速度前进，接触到工件后，回退一小段距离，再接触工件，再回退，上述动作重复数次后停止，确认已找到了接触感知点，并显示“接触感知”。

接触感知可由三个参数设定。

1）感知速度，即电极接近工件的速度，为 0～255。数值越大，速度越慢。

2）回退长度，即电极与工件脱离接触的距离，一般设置为 2501μm。

3）感知次数，即重复接触次数，范围是 0～127，一般设置为 4 次。

6. 指定轴回极限位置停止指令 G81

G81 使指定的轴回到极限位置停止。例如 G81 Y -；表示使机床 Y 轴快速移动到负极限后减速，有一定过冲，然后回退一段距离，再以低速到达极限位置停止。

7. G82 指令

G82 使电极移到指定轴当前坐标的 1/2 处，假如电极当前位置的坐标是（X100.，Y60.），执行“G82 X”指令后，电极将移动到（X50，Y60.）处。

8. 读坐标值指令 G83

G83 把指定轴的当前坐标值读到指定的 H 寄存器中，H 寄存器地址范围为 000～890。例如，执行“G83 X012;”指令，把当前 X 坐标值读到寄存器 H012 中；执行“G83 Z053;”指令，把当前 Z 坐标值读到寄存器 H053 中。

9. G84、G85 指令

（1）定义寄存器起始地址指令 G84　G84 为 G85 定义一个 H 寄存器的起始地址。

（2）G85　G85 把当前坐标值读到由 G84 指定了起始地址的 H 寄存器中，同时 H 寄存器地址加 1。

例如程序段如下：

G90 G92 X0 Y0 Z0;

G84 X100；X 坐标值放到由 H100 开始的地址中

G84 Y200：Y 坐标值放到由 H200 开始的地址中

G84 Z300；Z 坐标值放到由 H300 开始的地址中

G85 X;

G85 Y;

G85 Z;

执行上述指令后，H100 =0，H200 =0，H300 =0。

10. 定时加工指令 G86

G86 为定时加工指令，地址字为 X 或 T。地址字为 X 时，本段加工到指定的时间后结束（不管加工深度是否达到设定值）；地址为 T 时，在加工到设定深度后，启动定时加工，再持续加工指定的时间，但加工深度不会超过设定值。G86 仅对其后的第一个加工代码有效。时、分、秒各占 2 位数，共 6 位数，不足补“0”。

11. 坐标系设定指令 G92

G92 把当前点设置为指定的坐标值。例如执行“G92 X0 Y0;”指令，把当前点设置为（0，0）；又如执行“G92 X10 Y0；指令，“把当前点设置为（10，0）。

注意：

1）在补偿方式下，遇到 G92 代码时，会暂时中断补偿功能。

2）每个程序的开头一定要有 G92 代码，否则可能发生不可预测的错误。

3）G92 只能定义当前点在当前坐标系中的坐标值，而不能定义该点在其他坐标系中的坐标值。

12. 取消接触感知指令 M05

执行 M05 代码后，脱离接触一次（M05 代码只在本程序段有效）。当工具电极与工件接触时，要用此代码才能把工具电极移开。

13. C 代码

在程序中，C 代码用于选择加工条件，格式为“C×××”，C 和数字间不能有别的字符，数字也不能省略，不够三位要补“0”，如 C005。各参数显示在加工条件显示区中，加工中可随时更改。系统可以存储 1000 种加工条件，其中 0～99 为用户自定义加工条件，其余为系统内定加工条件。

14. T 代码

T 代码有 T84 和 T85 两种。

1）T84 为打开工作液泵指令。

2）T85 为关闭工作液泵指令。

15. R 转角功能

R 转角功能是在两条曲线的连接处加一段过渡圆弧，圆弧的半径由 R 指定，圆弧与两条曲线均相切。程序指定 R 转角功能的格式有

G01 X __ Y __ R __;

G02 X __ Y __ I __ J __ R __:

G03 X __ Y __ I __ J __ R __;

几点说明：

1）R 及半径值必须和第一段曲线的运动代码在同一程序段内。

2）R 转角功能仅在有补偿的状态下（G41，G42）才有效。

3）当用 G40 取消补偿后，程序中 R 转角指定无效。

4）在 C00 代码后加 R 转角功能无效。

1.1.3 计划

根据任务内容制订小组任务计划，简要说明任务实施过程的步骤及注意事项。填写数控编程指令计划单（表 1-4）。

表 1-4　数控编程指令计划单

学习领域	电火花加工技术			
学习情境 1	数控电火花成形机床操作		学时	15 学时
任务 1.1	数控编程指令		学时	5 学时
计划方式	小组讨论			
序号	实施步骤		使用资源	
制订计划说明				
计划评价	评语：			
班级		第　　组	组长签字	
教师签字			日期	

1.1.4　决策

各小组之间讨论工作计划的合理性和可行性，进行计划方案讨论，选定合适的工作计划，进行决策，填写数控编程指令决策单（表 1-5）。

表 1-5 数控编程指令决策单

<table>
<tr><td>学习领域</td><td colspan="6">电火花加工技术</td></tr>
<tr><td>学习情境 1</td><td colspan="4">数控电火花成形机床操作</td><td>学时</td><td>15 学时</td></tr>
<tr><td>任务 1.1</td><td colspan="4">数控编程指令</td><td>学时</td><td>5 学时</td></tr>
<tr><td colspan="5">方案讨论</td><td>组号</td><td></td></tr>
<tr><td rowspan="16">方案决策</td><td>组别</td><td>步骤顺序性</td><td>步骤合理性</td><td>实施可操作性</td><td>选用工具合理性</td><td>原因说明</td></tr>
<tr><td>1</td><td></td><td></td><td></td><td></td><td></td></tr>
<tr><td>2</td><td></td><td></td><td></td><td></td><td></td></tr>
<tr><td>3</td><td></td><td></td><td></td><td></td><td></td></tr>
<tr><td>4</td><td></td><td></td><td></td><td></td><td></td></tr>
<tr><td>5</td><td></td><td></td><td></td><td></td><td></td></tr>
<tr><td>1</td><td></td><td></td><td></td><td></td><td></td></tr>
<tr><td>2</td><td></td><td></td><td></td><td></td><td></td></tr>
<tr><td>3</td><td></td><td></td><td></td><td></td><td></td></tr>
<tr><td>4</td><td></td><td></td><td></td><td></td><td></td></tr>
<tr><td>5</td><td></td><td></td><td></td><td></td><td></td></tr>
<tr><td>1</td><td></td><td></td><td></td><td></td><td></td></tr>
<tr><td>2</td><td></td><td></td><td></td><td></td><td></td></tr>
<tr><td>3</td><td></td><td></td><td></td><td></td><td></td></tr>
<tr><td>4</td><td></td><td></td><td></td><td></td><td></td></tr>
<tr><td>5</td><td></td><td></td><td></td><td></td><td></td></tr>
<tr><td>方案评价</td><td colspan="6">评语：（根据组内的决策，对照计划进行修改并说明修改原因）</td></tr>
<tr><td>班级</td><td></td><td>组长签字</td><td></td><td>教师签字</td><td></td><td>月 日</td></tr>
</table>

1.1.5 实施

1. 实施准备

任务实施准备主要有场地准备、教学仪器（工具）准备、资料准备，见表1-6。

表1-6 数控编程指令实施准备

学习情境1	数控电火花成形机床操作	学时	15学时
任务1.1	数控编程指令	学时	5学时
重点、难点	数控电火花机床编程指令		
场地准备	特种加工实训室（多媒体）		
资料准备	1. 周晓宏．数控加工工艺与设备．北京：机械工业出版社，2011。 2. 周湛学，刘玉忠．数控电火花加工及实例详解．北京：化学工业出版社，2013。 3. 数控电火花成形机床使用说明书。 4. 数控电火花成形机床安全技术操作规程。		
教学仪器（工具）准备	数控电火花成形机床		
教学组织实施			
实施步骤	组织实施内容	教学方法	学时
1			
2			
3			
4			
5			

2. 实施任务

依据计划步骤实施任务，并完成作业单的填写。数控编程指令作业单见表1-7。

表1-7 数控编程指令作业单

学习领域	电火花加工技术		
学习情境1	数控电火花成形机床操作	学时	15学时
任务1.1	数控编程指令	学时	5学时
作业方式	小组分析，个人解答，现场批阅，集体评判		
	编制图1-2所示零件的加工程序。		

作业解答：

作业评价：

班级		组别		组长签字	
学号		姓名		教师签字	
教师评分		日期			

1.1.6 检查评价

学生完成本学习任务后，应展示的结果有完成的计划单、决策单、作业单、检查单、评价单。

1. 数控编程指令检查单（表1-8）。

表1-8 数控编程指令检查单

<table>
<tr><td>学习领域</td><td colspan="5">电火花加工技术</td></tr>
<tr><td>学习情境1</td><td colspan="3">数控电火花成形机床操作</td><td>学时</td><td>15学时</td></tr>
<tr><td>任务1.1</td><td colspan="3">数控编程指令</td><td>学时</td><td>5学时</td></tr>
<tr><td>序号</td><td colspan="2">检查项目</td><td>检查标准</td><td>学生自查</td><td>教师检查</td></tr>
<tr><td>1</td><td colspan="2">任务书阅读与分析能力，正确理解及描述目标要求</td><td>准确理解任务要求</td><td></td><td></td></tr>
<tr><td>2</td><td colspan="2">与同组同学协商，确定人员分工</td><td>较强的团队协作能力</td><td></td><td></td></tr>
<tr><td>3</td><td colspan="2">查阅资料能力，市场调研能力</td><td>较强的资料检索能力和市场调研能力</td><td></td><td></td></tr>
<tr><td>4</td><td colspan="2">资料的阅读、分析和归纳能力</td><td>较强的分析报告撰写能力</td><td></td><td></td></tr>
<tr><td>5</td><td colspan="2">检查零件加工程序</td><td>程序的编写是否合理</td><td></td><td></td></tr>
<tr><td>6</td><td colspan="2">安全生产与环保</td><td>符合“5S”要求</td><td></td><td></td></tr>
<tr><td>检查评价</td><td colspan="5">评语：</td></tr>
<tr><td>班级</td><td></td><td>组别</td><td></td><td>组长签字</td><td></td></tr>
<tr><td>教师签字</td><td colspan="3"></td><td>日期</td><td></td></tr>
</table>

2. 数控编程指令评价单（表1-9）。

表1-9　数控编程指令评价单

<table>
<tr><td colspan="2">学习领域</td><td colspan="8">电火花加工技术</td></tr>
<tr><td colspan="2">学习情境1</td><td colspan="2">数控电火花成形机床操作</td><td colspan="5">学时</td><td>15学时</td></tr>
<tr><td colspan="2">任务1.1</td><td colspan="2">数控编程指令</td><td colspan="5">学时</td><td>5学时</td></tr>
<tr><td>评价类别</td><td>评价项目</td><td>子项目</td><td>个人评价</td><td colspan="5">组内互评</td><td>教师评价</td></tr>
<tr><td rowspan="15">专业能力（60%）</td><td rowspan="2">资讯（8%）</td><td>搜集信息（4%）</td><td></td><td></td><td></td><td></td><td></td><td></td><td></td></tr>
<tr><td>引导问题回答（4%）</td><td></td><td></td><td></td><td></td><td></td><td></td><td></td></tr>
<tr><td>计划（5%）</td><td>计划可执行度（5%）</td><td></td><td></td><td></td><td></td><td></td><td></td><td></td></tr>
<tr><td rowspan="5">实施（12%）</td><td>工作步骤执行（3%）</td><td></td><td></td><td></td><td></td><td></td><td></td><td></td></tr>
<tr><td>功能实现（3%）</td><td></td><td></td><td></td><td></td><td></td><td></td><td></td></tr>
<tr><td>质量管理（2%）</td><td></td><td></td><td></td><td></td><td></td><td></td><td></td></tr>
<tr><td>安全保护（2%）</td><td></td><td></td><td></td><td></td><td></td><td></td><td></td></tr>
<tr><td>环境保护（2%）</td><td></td><td></td><td></td><td></td><td></td><td></td><td></td></tr>
<tr><td rowspan="2">检查（10%）</td><td>全面性、准确性（5%）</td><td></td><td></td><td></td><td></td><td></td><td></td><td></td></tr>
<tr><td>异常情况排除（5%）</td><td></td><td></td><td></td><td></td><td></td><td></td><td></td></tr>
<tr><td rowspan="2">过程（15%）</td><td>使用工具规范性（7%）</td><td></td><td></td><td></td><td></td><td></td><td></td><td></td></tr>
<tr><td>操作过程规范性（8%）</td><td></td><td></td><td></td><td></td><td></td><td></td><td></td></tr>
<tr><td>结果（5%）</td><td>结果质量（5%）</td><td></td><td></td><td></td><td></td><td></td><td></td><td></td></tr>
<tr><td>作业（5%）</td><td>作业质量（5%）</td><td></td><td></td><td></td><td></td><td></td><td></td><td></td></tr>
<tr><td colspan="9" style="display:none"></td></tr>
<tr><td rowspan="2">社会能力（20%）</td><td>团结协作（10%）</td><td rowspan="2"></td><td rowspan="2"></td><td rowspan="2"></td><td rowspan="2"></td><td rowspan="2"></td><td rowspan="2"></td><td rowspan="2"></td><td rowspan="2"></td></tr>
<tr><td>敬业精神（10%）</td></tr>
<tr><td rowspan="2">方法能力（20%）</td><td>计划能力（10%）</td><td rowspan="2"></td><td rowspan="2"></td><td rowspan="2"></td><td rowspan="2"></td><td rowspan="2"></td><td rowspan="2"></td><td rowspan="2"></td><td rowspan="2"></td></tr>
<tr><td>决策能力（10%）</td></tr>
<tr><td>评价评语</td><td colspan="9">评语：</td></tr>
<tr><td>班级</td><td></td><td>组别</td><td></td><td colspan="2">学号</td><td colspan="2"></td><td>总评</td><td></td></tr>
<tr><td>教师签字</td><td colspan="2"></td><td>组长签字</td><td colspan="2"></td><td colspan="2">日期</td><td colspan="2"></td></tr>
</table>

1.1.7 实践中常见问题解析

数控电火花加工的关键在于加工前的编程环节。编制好程序后，机床将完全按照程序执行加工，这就要求编程前应进行详细的工艺方法考虑，保证程序的准确、合理。

1. 编程时应考虑定位是否方便，选用的加工方法是否便于操作，是否可以满足加工精度要求。

2. 加工中轴的移动有无妨碍，机床行程是否足够，电参数条件与工艺留量是否合理，平动控制是否使用正确，加工过程中加工、退刀、移动的方向和距离的指定是否正确等。

3. 编程时加工思路一定要清晰，输入的数值一定要准确，这样才能保证自动加工过程的正确执行。

任务 1.2 工件和工具电极的装夹与找正

1.2.1 任务描述

工件和工具电极的装夹与找正任务单见表 1-10。

表 1-10 工件和工具电极的装夹与找正任务单

学习领域	电火花加工技术		
学习情境 1	数控电火花成形机床操作	学时	15 学时
任务 1.2	工件和工具电极的装夹与找正	学时	5 学时
布置任务			
学习目标	1. 掌握正确安装工件的方法。 2. 掌握正确安装工具电极的方法。 3. 具备工具电极和工件装夹与找正的能力。		
任务描述	完成图 1-4、图 1-5 所示工件和工具电极的装夹与找正。 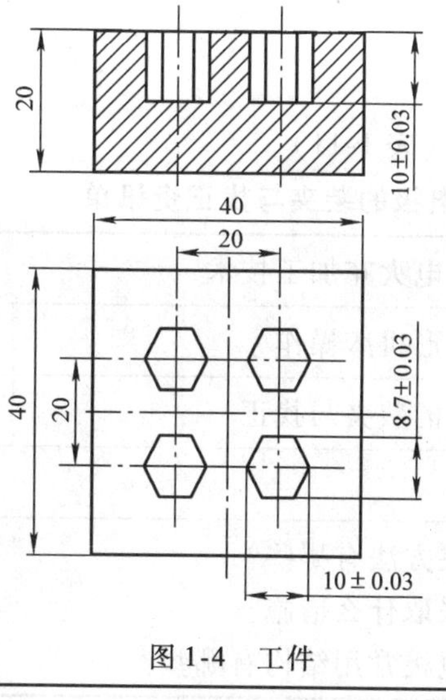 图 1-4 工件 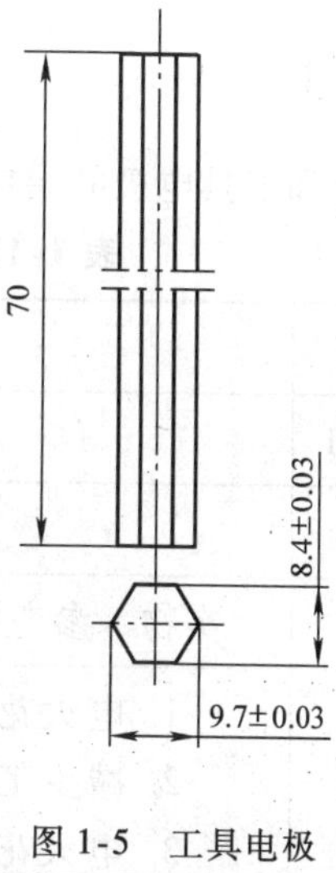 图 1-5 工具电极		

任务分析	通过学习工件和工具电极的装夹与找正，理解该任务是影响数控电火花成形加工精度的重要因素之一。				
学时安排	资讯	计划	决策	实施	检查评价
	1 学时	0.5 学时	0.5 学时	2 学时	1 学时
提供资料	1. 汤家荣. 模具特种加工技术. 北京：北京理工大学出版社，2010。 2. 杨武成. 特种加工. 西安：西安电子科技大学出版社，2009。 3. 张若锋，邓健平. 数控加工实训. 北京：机械工业出版社，2011。 4. 周晓宏. 数控加工工艺与设备. 北京：机械工业出版社，2011。 5. 周湛学，刘玉忠. 数控电火花加工及实例详解. 北京：化学工业出版社，2013。 6. 刘晋春，等. 特种加工. 北京：机械工业出版社，2007。 7. 廖慧勇. 数控加工实训教程. 成都：西南交通大学出版社，2007。 8. 刘虹. 数控加工编程及操作. 北京：机械工业出版社，2011。 9. 陈江进，雷黎明. 数控加工编程与操作. 北京：国防工业出版社，2012。				
对学生的要求	1. 能够对任务书进行分析，能够正确理解和描述目标要求。 2. 具有独立思考、善于提问的学习习惯。 3. 具有查询资料和市场调研能力，具备严谨求实和开拓创新的学习态度。 4. 能够执行企业“5S”质量管理体系要求，具备良好的职业意识和社会能力。 5. 具备一定的观察理解和判断分析能力。 6. 具有团队协作、爱岗敬业的精神。 7. 具有一定的创新思维和勇于创新的精神。				

1.2.2 资讯

1. 工件和工具电极的装夹与找正资讯单（表 1-11）。

表 1-11 工件和工具电极的装夹与找正资讯单

学习领域	电火花加工技术		
学习情境 1	数控电火花成形机床操作	学时	15 学时
任务 1.2	工件和工具电极的装夹与找正	学时	5 学时
资讯方式	实物、参考资料		
资讯问题	1. 电火花加工常用的装夹方法有哪些？ 2. 减少工具电极损耗可采取什么措施？ 3. 电火花加工中的工具电极常用结构有哪些？		

资讯引导	1. 问题1参阅信息单和张若锋、邓健平主编的《数控加工实训》相关内容。 2. 问题2参阅信息单、刘晋春等主编的《特种加工》相关内容。 3. 问题3参阅信息单、汤家荣主编的《模具特种加工技术》相关内容。

2. 工件和工具电极的装夹与找正信息单（表1-12）。

表1-12　工件和工具电极的装夹与找正信息单

<table>
<tr><td>学习领域</td><td colspan="3">电火花加工技术</td></tr>
<tr><td>学习情境1</td><td>数控电火花成形机床操作</td><td>学时</td><td>15学时</td></tr>
<tr><td>任务1.2</td><td>工件和工具电极的装夹与找正</td><td>学时</td><td>5学时</td></tr>
<tr><td>序号</td><td colspan="3">信息内容</td></tr>
<tr><td>一</td><td colspan="3">冲模的电火花加工工具电极分析</td></tr>
<tr><td colspan="4">（1）工具电极材料的选择　凸模一般选高级优质钢T8A、T10A或铬钢Cr12、GCr15，硬质合金等。应注意凸、凹模不要选用同一种钢材型号，否则电火花加工时更不易稳定。
（2）工具电极的设计　由于凹模的精度主要决定于工具电极的精度，所以对它有较为严格的要求。工具电极的尺寸精度和表面粗糙度要比凹模高一级，一般标准公差等级不低于IT7，表面粗糙度 Ra 值小于1.25μm，且直线度误差、平面度误差和平行度误差在100mm长度上不大于0.01mm。
工具电极应有足够的长度。加工硬质合金时，由于工具电极损耗较大，电极长度还应适当增加。
工具电极的截面轮廓尺寸除考虑配合间隙外，还要比预定加工的型孔尺寸均匀地缩小一个加工时火花放电间隙。
（3）工具电极的制造　冲模电极的制造一般先经普通机械加工，然后磨削成形。一些不易磨削加工的材料，可在机械加工后由钳工精修。现在，直接用电火花线切割加工冲模电极已获得广泛应用。</td></tr>
<tr><td>二</td><td colspan="3">型腔模加工用工具电极分析</td></tr>
<tr><td colspan="4">（1）工具电极材料的选择　为了提高型腔模的加工精度，工具电极应使用耐蚀性高的材料，如纯铜、铜钨合金、银钨合金以及石墨等。由于铜钨合金和银钨合金的成本高，机械加工比较困难，所以采用得较少。常用的工具电极材料为纯铜和石墨，这两种材料的共同特点是在宽脉冲粗加工时能实现低损耗。
纯铜有如下优点：
1）不容易产生电弧，在较困难的条件下也能稳定加工。</td></tr>
</table>

2）精加工时比石墨电极损耗小。

3）采用精微加工能获得小于 $Ra1.25\mu m$ 的表面粗糙度。

4）经锻造后还可做其他型腔加工用的工具电极，材料利用率高。

但纯铜的机械加工性能不如石墨的好。

石墨电极的优点如下：

1）机械加工成形容易，容易修整。

2）电火花加工的性能比较好，在宽脉冲、大电流情况下具有更小的电极损耗。

石墨电极的缺点是容易产生电弧烧伤现象，因此在加工时应配备短路快速切断装置；精加工时石墨电极损耗较大，表面粗糙度值只能达到 $Ra2.5\mu m$。对石墨电极材料的要求是颗粒小、组织细密、强度高和导电性好。

（2）工具电极的设计　加工型腔模时的工具电极尺寸，一方面与模具的大小、形状、复杂程度有关，另一方面与电极材料、加工电流、深度、余量及间隙等因素有关。当采用平动法加工时，还应考虑所选用的平动量。

三	工具电极的装夹与找正方法引导

电火花加工中，工具电极的装夹尤其重要。装夹时可用钻夹头装夹，也可用专用夹具装夹，还可用瑞典 3R 夹具装夹。

工具电极的找正就是要确保工具电极与工件的垂直。找正的方法主要有用精密刀口形直角尺找正、用百分表找正、用电火花放电找正和工件模板找正等。

1. 工具电极的装夹

（1）用钻夹头装夹工具电极　先用内六角扳手将装在主轴夹具上的内六角螺钉旋松，然后将装夹工具电极的钻夹头固定在主轴夹具上。主轴夹具的装夹部分为 90°靠山的结构，可将钻夹头稳固地贴在靠山上，最后再用内六角扳手将主轴夹具上的内六角螺钉旋紧，完成工具电极的装夹。

（2）用专用夹具装夹工具电极　用电火花线切割加工出来的工具电极扁夹可作为专用的夹具来装夹工具电极。工具电极扁夹用于装夹尺寸比较小的扁状工具电极。

（3）用瑞典 3R 夹具装夹工具电极　采用瑞典 3R 夹具装夹工具电极时，3R 夹具与工具电极固定在一起，在数控机床上加工，加工后再一同装夹到主轴上。这种方法解决了工具电极拆装后的重复定位问题。

2. 工具电极的找正

（1）用精密刀口形直角尺找正工具电极　工具电极装夹完毕后，必须对工具电极进行找正，确保工具电极的轴线与工件保持垂直。图 1-6 所示为用精密刀口形直角尺找正工具电极。具体找正步骤如下：

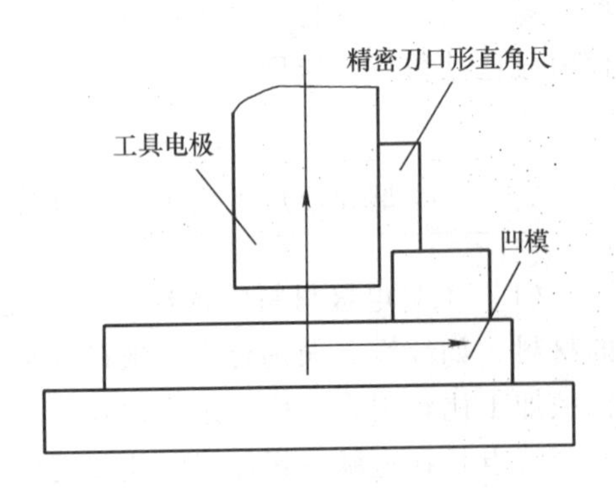

图 1-6　用精密刀口形直角尺找正工具电极

1）按下手控盒上的“下降”按钮，将工具电极缓缓放下，使工具电极慢慢靠近工件，在与工件之间保持一段间隙时，停止下降工具电极。

2）沿 X 轴方向找正工具电极。沿 X 轴方向将精密刀口形直角尺放置在工件（凹模）上，使精密刀口形直角尺的刀口轻轻与工具电极接触，移动照明灯置于精密刀口形直角尺的后方，通过观察透光情况来判断工具电极是否垂直。若不垂直，可调节处于主轴夹头球形面上方的 X 轴方向的调节螺钉。

3）沿 Y 轴方向工具电极找正。沿 Y 轴方向将精密刀口形直角尺轻轻与工具电极接触，找正方法同步骤 2）。

4）工具电极的旋转找正。工具电极装夹完成后，工具电极形状与工件的型腔之间常存在不完全对准的情况，此时需要对工具电极进行旋转找正。找正方法是轻轻旋动主轴夹头上的调节工具电极旋转的螺钉，确保工具电极与工件型腔对准。

（2）用百分表找正工具电极　在用精密刀口形直角尺找正完毕后，还可用百分表进行找正。找正步骤如下：

1）将磁性表座吸附在机床的工作台上，然后把百分表装夹在表座的杠杆上。

2）沿 X 轴方向工具电极找正。首先将百分表的测量杆沿 X 轴方向轻轻接触工具电极，并使百分表有一定的读数，然后用手控盒使主轴（Z 轴）上下移动，观察百分表的指针变化。根据指针变化就可判断出工具电极沿 X 轴方向上的倾斜状况，再用内六角扳手调节主轴机头上 X 轴方向上的两个调节螺钉，使工具电极沿 X 轴方向保持与工件垂直。

3）沿 Y 轴方向工具电极找正。将百分表的测量杆沿 Y 轴方向轻轻接触工具电极，并使百分表有一定的读数。其找正步骤同步骤 2）。

四	工件的装夹和定位方法引导

工件的装夹和定位是电火花加工中的重要环节，装夹和定位的误差将直接影响加工精度。工件的装夹通常采用压板固定或磁性吸盘吸附的方法。

工件的定位则是要确定其中心位置或任意加工位置。

1. 工件的装夹

1）使用压板装夹工件　将工件放置在工作台上，将压板螺钉头部穿入工作台的 T 形槽中，把压板穿入压板螺钉中，压板的一端压在工件上，另一端压在三角垫铁上，使压板保持水平或使压板靠近三角垫铁处稍高些，旋动螺母压紧工件。

将百分表的磁性表座吸附在主轴夹具上，再把百分表的测量杆靠在工件的 X 轴方向的基准面上，使百分表有一定的读数，然后转动 X 轴方向的手轮，观察百分表的指针变化。轻轻敲击工件，调整百分表指针变化，使百分表指针在整个行程上微微抖动，再把压板螺母旋紧，工件得以固定。

2）使用磁性吸盘装夹工件　在电火花成形机床的工作台上安装磁性吸盘，并对磁性吸盘进行找正；在磁性吸盘上放置两个相互垂直的量块和一把精密刀口形直角尺（图 1-7），一块沿 X 轴方向放置，另一块沿 Y 轴方向放置，量块的一端靠在工件电极（凹模）上，另一端靠在精密刀口形直角尺上，这样工件电极（凹模）得以找正；再用内六角扳手旋动磁性吸盘上的内六角螺母，使磁性吸盘带上磁性，工件电极（凹模）牢牢地吸附在磁性吸盘上。

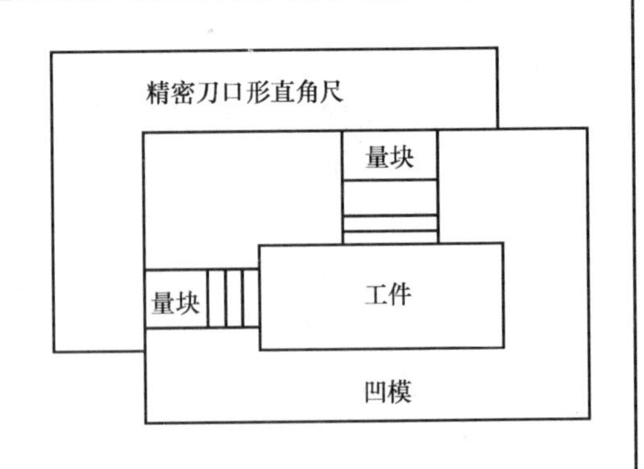

图 1-7　量块和精密刀口形直角尺找正法

2. 工件的定位

按下电气控制柜上的“DISP”键，电气控制柜上的 X、Y、Z 方向的数码管将显示电火花机床工作台的坐标位置。

工件中心定位方法如下：

1）转动 X 轴方向的手轮，将工具电极移动到工件的外部，按下手控盒上的“下降”键，使工具电极缓缓下降，下降至工具电极稍低于工件的上表面。

2）按下手控盒上的“手动对刀”键，转动 X 轴方向上的手轮，使工具电极与工件侧面轻轻接触，此时蜂鸣器鸣叫，按下电气控制柜上的“X 方向清零”键，X 数值为零。然后按手控盒上的“上升”键，使工具电极缓缓上抬离开工件，再次转动 X 轴方向上的手轮，移动工具电极至工件的另一侧，按下手控盒上的“下降”键，使工具电极缓缓下降至稍低于工件的上表面，蜂鸣器鸣叫，依次按下电气控制柜上的“X”键和“1/2”键，X 数码管上将显示 X 轴方向数值的一半。按下手控盒上的“上升”键，使工具电极缓缓上抬离开工件，再次反方向转动 X 轴方向的手轮，使 X 轴方向的数值归零（注意此时为增量操作模式）。再依次按“X”键和“ABS. 0”键，按“ABS/INC”键，红灯亮（此时为绝对操作模式），X 数值也为零。此时，工件 X 轴方向的中心位置将是唯一确定的。

绝对操作模式和增量操作模式的切换只需按“ABS/INC”键。按此键后，红灯亮为绝对操作模式，红灯灭则为增量操作模式。

在增量操作模式下，工作台移动到任何位置上均可进行清零操作。

在绝对操作模式下，工作台的零点位置是唯一固定的，“X 清零”键将无法使用。机床开机时，默认的是增量操作模式。

3）Y 轴方向中心位置的确定方法同步骤 2）。

1.2.3　计划

根据任务内容制订小组任务计划，简要说明任务实施过程的步骤及注意事项。填写工件和工具电极的装夹与找正计划单（表 1-13）。

表 1-13　工件和工具电极的装夹与找正计划单

<table>
<tr><td>学习领域</td><td colspan="4">电火花加工技术</td></tr>
<tr><td>学习情境 1</td><td colspan="2">数控电火花成形机床操作</td><td>学时</td><td>15 学时</td></tr>
<tr><td>任务 1.2</td><td colspan="2">工件和工具电极的装夹与找正</td><td>学时</td><td>5 学时</td></tr>
<tr><td>计划方式</td><td colspan="4">小组讨论</td></tr>
<tr><td>序号</td><td colspan="2">实施步骤</td><td colspan="2">使用资源</td></tr>
<tr><td></td><td colspan="2"></td><td colspan="2"></td></tr>
<tr><td></td><td colspan="2"></td><td colspan="2"></td></tr>
<tr><td></td><td colspan="2"></td><td colspan="2"></td></tr>
<tr><td></td><td colspan="2"></td><td colspan="2"></td></tr>
<tr><td></td><td colspan="2"></td><td colspan="2"></td></tr>
<tr><td></td><td colspan="2"></td><td colspan="2"></td></tr>
<tr><td></td><td colspan="2"></td><td colspan="2"></td></tr>
<tr><td>制订计划
说明</td><td colspan="4"></td></tr>
<tr><td>计划评价</td><td colspan="4">评语：</td></tr>
<tr><td>班级</td><td></td><td>第　　组</td><td>组长签字</td><td></td></tr>
<tr><td>教师签字</td><td colspan="2"></td><td>日期</td><td></td></tr>
</table>

1.2.4　决策

各小组之间讨论工作计划的合理性和可行性，进行计划方案讨论，选定合适的工作计划，进行决策，填写工件和工具电极的装夹与找正决策单（表 1-14）。

表 1-14 工件和工具电极的装夹与找正决策单

<table>
<tr><td>学习领域</td><td colspan="6">电火花加工技术</td></tr>
<tr><td>学习情境 1</td><td colspan="4">数控电火花成形机床操作</td><td>学时</td><td>15 学时</td></tr>
<tr><td>任务 1.2</td><td colspan="4">工件和工具电极的装夹与找正</td><td>学时</td><td>5 学时</td></tr>
<tr><td colspan="5">方案讨论</td><td>组号</td><td></td></tr>
<tr><td rowspan="16">方案决策</td><td>组别</td><td>步骤顺序性</td><td>步骤合理性</td><td>实施可操作性</td><td>选用工具合理性</td><td>原因说明</td></tr>
<tr><td>1</td><td></td><td></td><td></td><td></td><td></td></tr>
<tr><td>2</td><td></td><td></td><td></td><td></td><td></td></tr>
<tr><td>3</td><td></td><td></td><td></td><td></td><td></td></tr>
<tr><td>4</td><td></td><td></td><td></td><td></td><td></td></tr>
<tr><td>5</td><td></td><td></td><td></td><td></td><td></td></tr>
<tr><td>1</td><td></td><td></td><td></td><td></td><td></td></tr>
<tr><td>2</td><td></td><td></td><td></td><td></td><td></td></tr>
<tr><td>3</td><td></td><td></td><td></td><td></td><td></td></tr>
<tr><td>4</td><td></td><td></td><td></td><td></td><td></td></tr>
<tr><td>5</td><td></td><td></td><td></td><td></td><td></td></tr>
<tr><td>1</td><td></td><td></td><td></td><td></td><td></td></tr>
<tr><td>2</td><td></td><td></td><td></td><td></td><td></td></tr>
<tr><td>3</td><td></td><td></td><td></td><td></td><td></td></tr>
<tr><td>4</td><td></td><td></td><td></td><td></td><td></td></tr>
<tr><td>5</td><td></td><td></td><td></td><td></td><td></td></tr>
<tr><td>方案评价</td><td colspan="6">评语：（根据组内的决策，对照计划进行修改并说明修改原因）</td></tr>
<tr><td>班级</td><td></td><td>组长签字</td><td></td><td>教师签字</td><td></td><td>月　　日</td></tr>
</table>

1.2.5 实施

1. 实施准备

任务实施准备主要有场地准备、教学仪器（工具）准备、资料准备，见表1-15。

表1-15 工件和工具电极的装夹与找正实施准备

学习情境1	数控电火花成形机床操作	学时	15学时
任务1.2	工件和工具电极的装夹与找正	学时	5学时
重点、难点	工具电极的装夹与找正		
场地准备	特种加工实训室（多媒体）		
资料准备	1. 汤家荣．模具特种加工技术．北京：北京理工大学出版社，2010。 2. 张若锋，邓健平．数控加工实训．北京：机械工业出版社，2011。 3. 刘晋春，等．特种加工．北京：机械工业出版社，2007。 4. 数控电火花成形机床使用说明书。 5. 数控电火花成形机床安全技术操作规程。		
教学仪器（工具）准备	数控电火花成形机床		
教学组织实施			
实施步骤	组织实施内容	教学方法	学时
1			
2			
3			
4			
5			

2. 实施任务

依据计划步骤实施任务，并完成作业单的填写。工件和工具电极的装夹与找正作业单见表1-16。

表 1-16　工件和工具电极的装夹与找正作业单

<table>
<tr><td>学习领域</td><td colspan="5">电火花加工技术</td></tr>
<tr><td>学习情境 1</td><td colspan="3">数控电火花成形机床操作</td><td>学时</td><td>15 学时</td></tr>
<tr><td>任务 1.2</td><td colspan="3">工件和工具电极的装夹与找正</td><td>学时</td><td>5 学时</td></tr>
<tr><td>作业方式</td><td colspan="5">小组分析，个人解答，现场批阅，集体评判</td></tr>
<tr><td>1</td><td colspan="5">试述工具电极的装夹与找正。</td></tr>
<tr><td colspan="6">作业解答：</td></tr>
<tr><td colspan="6">作业评价：</td></tr>
<tr><td>2</td><td colspan="5">试述工件的装夹与定位。</td></tr>
<tr><td colspan="6">作业解答：</td></tr>
<tr><td colspan="6">作业评价：</td></tr>
<tr><td>班级</td><td></td><td>组别</td><td></td><td>组长签字</td><td></td></tr>
<tr><td>学号</td><td></td><td>姓名</td><td></td><td>教师签字</td><td></td></tr>
<tr><td>教师评分</td><td></td><td>日期</td><td colspan="3"></td></tr>
</table>

1.2.6 检查评价

学生完成本学习任务后，应展示的结果有完成的计划单、决策单、作业单、检查单、评价单。

1. 工件和工具电极的装夹与找正检查单（表 1-17）。

表 1-17 工件和工具电极的装夹与找正检查单

学习领域	电火花加工技术			
学习情境 1	数控电火花成形机床操作		学时	15 学时
任务 1.2	工件和工具电极的装夹与找正		学时	5 学时
序号	检查项目	检查标准	学生自查	教师检查
1	任务书阅读与分析能力，正确理解及描述目标要求	准确理解任务要求		
2	与同组同学协商，确定人员分工	较强的团队协作能力		
3	查阅资料能力，市场调研能力	较强的资料检索能力和市场调研能力		
4	资料的阅读、分析和归纳能力	较强的分析报告撰写能力		
5	量块及精密刀口形直角尺的使用	调整及使用方法是否合理		
6	安全生产与环保	符合“5S”要求		
检查评价	评语：			
班级		组别		组长签字
教师签字			日期	

2. 工件和工具电极的装夹与找正评价单（表1-18）。

表1-18　工件和工具电极的装夹与找正评价单

<table>
<tr><td>学习领域</td><td colspan="9">电火花加工技术</td></tr>
<tr><td>学习情境1</td><td colspan="3">数控电火花成形机床操作</td><td colspan="5">学时</td><td>15学时</td></tr>
<tr><td>任务1.2</td><td colspan="3">工件和工具电极的装夹与找正</td><td colspan="5">学时</td><td>5学时</td></tr>
<tr><td>评价类别</td><td>评价项目</td><td>子项目</td><td>个人评价</td><td colspan="5">组内互评</td><td>教师评价</td></tr>
<tr><td rowspan="13">专业能力（60%）</td><td rowspan="2">资讯（8%）</td><td>搜集信息（4%）</td><td></td><td></td><td></td><td></td><td></td><td></td><td></td></tr>
<tr><td>引导问题回答（4%）</td><td></td><td></td><td></td><td></td><td></td><td></td><td></td></tr>
<tr><td>计划（5%）</td><td>计划可执行度（5%）</td><td></td><td></td><td></td><td></td><td></td><td></td><td></td></tr>
<tr><td rowspan="5">实施（12%）</td><td>工作步骤执行（3%）</td><td></td><td></td><td></td><td></td><td></td><td></td><td></td></tr>
<tr><td>功能实现（3%）</td><td></td><td></td><td></td><td></td><td></td><td></td><td></td></tr>
<tr><td>质量管理（2%）</td><td></td><td></td><td></td><td></td><td></td><td></td><td></td></tr>
<tr><td>安全保护（2%）</td><td></td><td></td><td></td><td></td><td></td><td></td><td></td></tr>
<tr><td>环境保护（2%）</td><td></td><td></td><td></td><td></td><td></td><td></td><td></td></tr>
<tr><td rowspan="2">检查（10%）</td><td>全面性、准确性（5%）</td><td></td><td></td><td></td><td></td><td></td><td></td><td></td></tr>
<tr><td>异常情况排除（5%）</td><td></td><td></td><td></td><td></td><td></td><td></td><td></td></tr>
<tr><td rowspan="2">过程（15%）</td><td>使用工具规范性（7%）</td><td></td><td></td><td></td><td></td><td></td><td></td><td></td></tr>
<tr><td>操作过程规范性（8%）</td><td></td><td></td><td></td><td></td><td></td><td></td><td></td></tr>
<tr><td>结果（5%）</td><td>结果质量（5%）</td><td></td><td></td><td></td><td></td><td></td><td></td><td></td></tr>
<tr><td></td><td>作业（5%）</td><td>作业质量（5%）</td><td></td><td></td><td></td><td></td><td></td><td></td><td></td></tr>
<tr><td rowspan="2">社会能力（20%）</td><td>团结协作（10%）</td><td rowspan="2"></td><td rowspan="2"></td><td rowspan="2"></td><td rowspan="2"></td><td rowspan="2"></td><td rowspan="2"></td><td rowspan="2"></td><td rowspan="2"></td></tr>
<tr><td>敬业精神（10%）</td></tr>
<tr><td rowspan="2">方法能力（20%）</td><td>计划能力（10%）</td><td rowspan="2"></td><td rowspan="2"></td><td rowspan="2"></td><td rowspan="2"></td><td rowspan="2"></td><td rowspan="2"></td><td rowspan="2"></td><td rowspan="2"></td></tr>
<tr><td>决策能力（10%）</td></tr>
<tr><td>评价评语</td><td colspan="9">评语：</td></tr>
<tr><td>班级</td><td></td><td>组别</td><td></td><td>学号</td><td></td><td>总评</td><td colspan="3"></td></tr>
<tr><td>教师签字</td><td colspan="2"></td><td>组长签字</td><td></td><td>日期</td><td colspan="4"></td></tr>
</table>

1.2.7 实践中常见问题解析

电火花加工中要将工件装夹在工作台上，并要对工件进行找正。由于电火花加工中工具电极与工件并不接触，宏观作用力很小，所以工件装夹一般比较简单。

1. 通常用磁性吸盘来装夹工件，为了适应各种不同工件加工的需求，还可以使用其他工具来进行装夹，如机用平口钳、导磁块、正弦磁台、角度导磁块等。工件装夹后要对其进行找正，以保证工件的坐标系方向与机床的坐标系方向一致。

2. 工具电极安装在机床主轴上，应使工具电极轴线与主轴轴线方向一致，保证工具电极轴线与工件在垂直的情况下进行加工。工具电极的装夹方式有自动装夹和手动装夹两种。自动装夹工具电极是先进数控电火花加工机床的一项自动功能，通过机床的工具电极自动交换装置（ATC）和配套使用工具电极专用夹具（EROWA、3R）来完成工具电极换装。使用电极专用夹具可实现工具电极的自然找正，不需要对工具电极进行找正或调整，能够保证工具电极与机床的正确位置关系，大大减少了电火花加工过程中装夹、重复调整的时间。手动装夹工具电极是指使用通用的工具电极夹具，通过可调节工具电极角度的夹头来找正工具电极，由人工完成工具电极装夹、找正操作。

任务 1.3 电火花成形加工的操作步骤

1.3.1 任务描述

电火花成形加工的操作步骤任务单见表 1-19。

表 1-19 电火花成形加工的操作步骤任务单

学习领域	电火花加工技术				
学习情境 1	数控电火花成形机床操作			学时	15 学时
任务 1.3	电火花成形加工的操作步骤			学时	5 学时
布置任务					
学习目标	1. 熟悉 DK7125NC 型电火花成形机床的操作界面。 2. 掌握 DK7125NC 型电火花成形机床的基本操作方法。 3. 具备操作 DK7125NC 型电火花成形机床的能力。				
任务描述	操作 DK7125NC 型电火花成形机床。				
任务分析	学习电火花成形加工操作，为电火花穿孔成形加工打下基础。				
学时安排	资讯	计划	决策	实施	检查评价
	1 学时	0.5 学时	0.5 学时	2 学时	1 学时

提供资料	1. 汤家荣. 模具特种加工技术. 北京：北京理工大学出版社，2010. 2. 杨武成. 特种加工. 西安：西安电子科技大学出版社，2009. 3. 张若锋，邓健平. 数控加工实训. 北京：机械工业出版社，2011. 4. 周晓宏. 数控加工工艺与设备. 北京：机械工业出版社，2011. 5. 周湛学，刘玉忠. 数控电火花加工及实例详解. 北京：化学工业出版社，2013. 6. 刘晋春，等. 特种加工. 北京：机械工业出版社，2007. 7. 廖慧勇. 数控加工实训教程. 成都：西南交通大学出版社，2007. 8. 刘虹. 数控加工编程及操作. 北京：机械工业出版社，2011. 9. 陈江进，雷黎明. 数控加工编程与操作. 北京：国防工业出版社，2012.
对学生的要求	1. 能够对任务书进行分析，能够正确理解和描述目标要求。 2. 具有独立思考、善于提问的学习习惯。 3. 具有查询资料和市场调研能力，具备严谨求实和开拓创新的学习态度。 4. 能够执行企业“5S”质量管理体系要求，具备良好的职业意识和社会能力。 5. 具备一定的观察理解和判断分析能力。 6. 具有团队协作、爱岗敬业的精神。 7. 具有一定的创新思维和勇于创新的精神。

1.3.2 资讯

1. 电火花成形加工的操作步骤资讯单（表1-20）。

表1-20 电火花成形加工的操作步骤资讯单

学习领域	电火花加工技术		
学习情境1	数控电火花成形机床操作	学时	15学时
任务1.3	电火花成形加工的操作步骤	学时	5学时
资讯方式	实物、参考资料		
资讯问题	1. 电火花成形机床的结构分为几部分？ 2. 操作面板上按键的功能是什么？ 3. 电火花成形机床基本操作步骤是什么？		
资讯引导	1. 问题1参阅信息单、周晓宏主编的《数控加工工艺与设备》相关内容。 2. 问题2参阅信息单和周湛学、刘玉忠主编的《数控电火花加工及实例详解》相关内容。 3. 问题3参阅信息单、廖慧勇主编的《数控加工实训教程》相关内容。		

2. 电火花成形加工的操作步骤信息单（表 1-21）。

表 1-21　电火花成形加工的操作步骤信息单

<table>
<tr><td>学习领域</td><td colspan="3">电火花加工技术</td></tr>
<tr><td>学习情境 1</td><td>数控电火花成形机床操作</td><td>学时</td><td>15 学时</td></tr>
<tr><td>任务 1.3</td><td>电火花成形加工的操作步骤</td><td>学时</td><td>5 学时</td></tr>
<tr><td>序号</td><td colspan="3">信息内容</td></tr>
<tr><td>一</td><td colspan="3">电火花成形机床的型号、规格和分类分析</td></tr>
<tr><td colspan="4">电火花成形加工与电火花线切割加工的工作原理相似，都是通过火花放电产生的热量来除去金属的。但电火花成形加工必须制作成形工具电极（一般用铜或石墨制作），并将工具电极形状复制到工件上。电火花可进行通孔或不通孔（成形）加工，特别适宜加工形状复杂的模具等零件的型腔。
国家标准规定，电火花成形机床均用 D71 加上机床工作台宽度的 1/10 表示。例如，D7132 中，D 表示电加工机床（如果该机床为数控电加工机床，则在 D 后加 K，即 DK）；71 表示电火花成形机床；32 表示机床工作台的宽度为 320mm。
在其他国家和地区，电火花成形机床的型号没有采用统一标准，由各个生产企业自行确定，如日本沙迪克（Sodick）公司生产的 A3R、A10R，瑞士夏米尔（Charmilles）技术公司的 ROBOFORM20/30/35 等。
我国电火花成形机床按其工作台大小可分为小型（D7125 以下）、中型（D7125 ~ D7163）和大型（D7163 以上）；按数控程度分为非数控、单轴数控和三轴数控。</td></tr>
<tr><td>二</td><td colspan="3">电火花成形机床的结构分析</td></tr>
<tr><td colspan="4">在此以某机床厂生产的 DK7125NC 型电火花成形机床为例，介绍电火花成形机床的结构。
电火花成形机床主要由机床主体、脉冲电源、自动进给调节系统、工作液系统和数控系统组成。DK7125NC 型电火花成形机床外形如图 1-8 所示。
1. 机床组成
（1）机床主体　由床身、立柱、主轴及附件、工作台等组成，是电火花机床的骨架，是实现工件、工具电极的装夹和运动的机械系统。
机床主轴头和工作台常有一些附件，如可调节工具电极角度的夹头、平动头、油杯等。下面主要介绍平动头。
电火花加工时，粗加工的电火花放电间隙比半精加工的要大，而半精加工的电火花放电间隙比精加工的又要大一些。当用一个工具电极进行粗加工时，将工件的大部分余量蚀除掉后，其底面和侧壁四周的表面质量很差，为了将其修光，就要转换规准逐档进行修整。但由于半精加工、精加工规准的放电间隙比粗加工规准的要小，如果不采取措施，则四周侧壁就无法修光。平动头就是为解决修光侧壁和提高其尺寸精度而设计的。</td></tr>
</table>

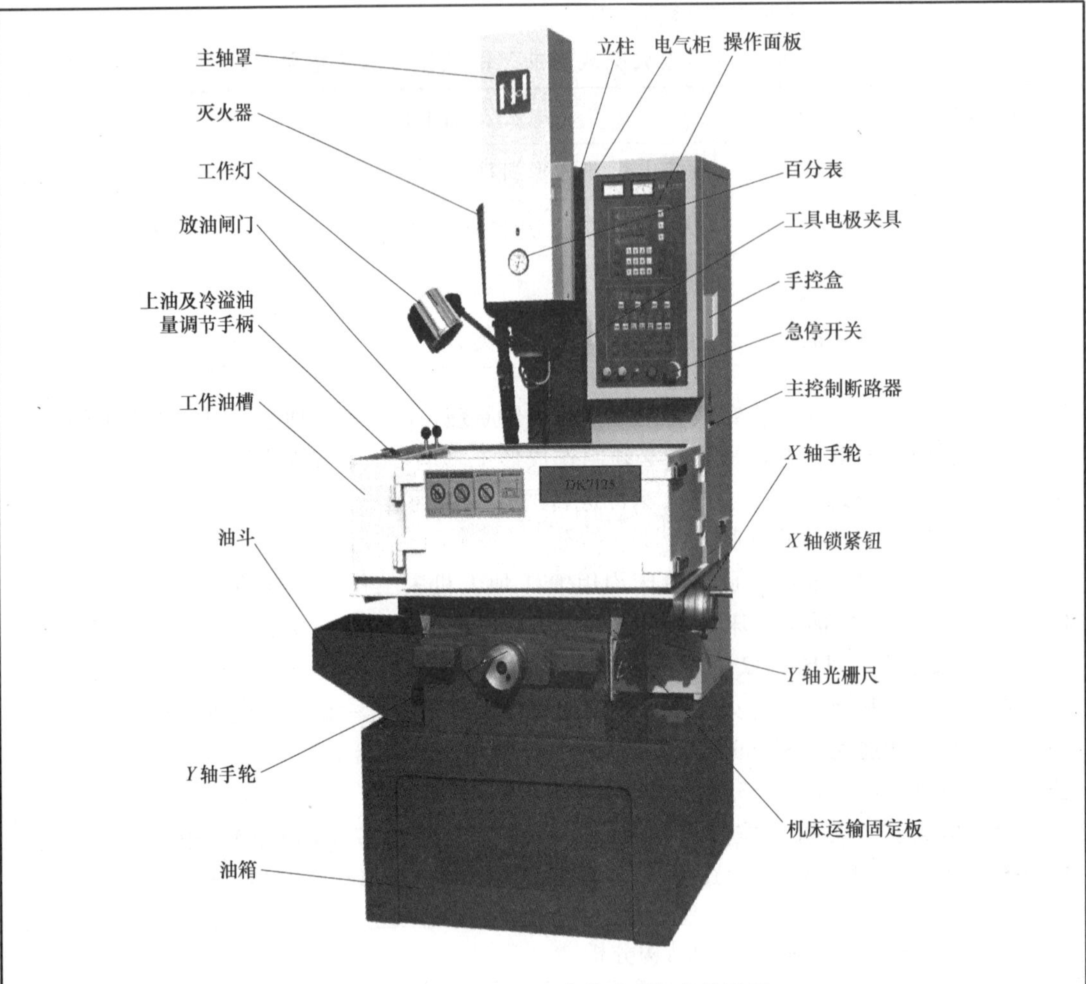

图 1-8　DK7125NC 型电火花成形机床外形图

平动头是一个使装在其上的工具电极能产生向外机械补偿动作的工艺附件。当用单一工具电极加工型腔时，使用平动头可以补偿上一个加工规准和下一个加工规准之间的放电间隙差。

平动头的动作原理是：利用偏心机构，将伺服电动机的旋转运动，通过平动轨迹保持机构转化成工具电极上每一个质点围绕其原始位置在水平面内的平面小圆周运动，许多小圆的外包络线面积就形成加工横截面积（图 1-9）。其中，每个质点运动轨迹的半径称为平动量，其大小可以由零逐渐调大，以补偿粗加工、半精加工、精加工的电火花放电间隙 δ 之差，从而达到修光型腔的目的。

目前，机床上安装的平动头有机械式平动头和数控平动头，其外形如图 1-10 所示。机械式平动头由于有平动轨迹半径的存在，无法加工有清角要求的型腔；而数控平动头可以两轴联动，能加工出清棱、清角的型孔和型腔。

（2）脉冲电源　其作用与电火花线切割机床类似。脉冲电源的性能直接关系到加工速度、表面质量、加工精度、工具电极损耗等工艺指标。

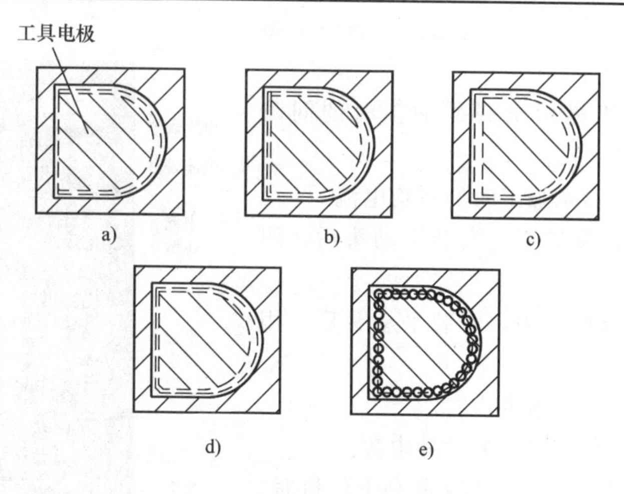

图 1-9　平动头扩大间隙原理

a）电极在最左　b）电极在最上　c）电极在最右

d）电极在最下　e）电极平动后的轨迹

图 1-10　平动头外形

a）机械式平动头　b）数控平动头

（3）自动进给调节系统　主要包含伺服进给系统和参数控制系统。伺服进给系统主要用于控制放电间隙的大小，参数控制系统主要用于控制加工中的各种参数，以保证获得最佳的加工工艺指标。

（4）工作液系统　其作用与电火花线切割机床类似，但电火花成形机床可采用冲油或浸油加工方式。

（5）数控系统　用来对电参数及加工过程进行控制。

2. 机床主要技术参数

主机采用 C 形结构，X、Y、Z 行程为 250mm×150mm×200mm，工作台尺寸280mm×450mm，工作台到工具电极接板最大距离为 360～560mm，最大可加工工件质量为 250kg，最大工具电极质量为 25kg。工作液槽容积为 115L，工作液槽门数为 2。脉冲电源类型为 V-MOS 低损耗电源，加工电流为 30A，脉冲宽度为 1～2000μs，脉冲间隔 10～999μs。

3. 操作面板及使用

DK7125NC 型电火花成形机床操作面板如图 1-11 所示。

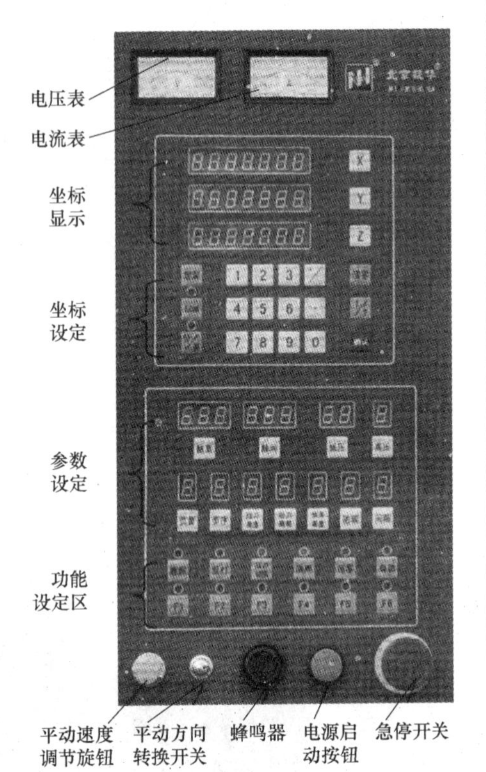

图 1-11 DK7125NC 型电火花成形机床操作面板

1）电压表用于显示空载或加工时的间隙电压。

2）电流表用于显示加工时的平均电流。

3）平动速度调节旋钮。安装平动头后，用于调节平动的快慢。

4）平动方向转换开关。安装平动头后，用于转换平动的方向。

5）蜂鸣器用于发出报警声音。

6）电源启动按钮用于接通脉冲电源。

7）急停开关。发生紧急情况需马上停机时，按下急停开关可切断脉冲电源。该开关有自锁功能，下次启动时，需顺时针方向旋转使其弹出。

8）坐标显示区用于显示 *X*、*Y*、*Z* 三坐标位置，并且以 mm 为单位显示。

9）坐标设定区中间为数字键盘，左右各有 3 个按键。其功能如下。

定深：深度设定键，用于设定加工的目标深度。操作时，在 EDM 显示模式下，按“定深”→“X”→输入目标深度值，再按“确认”键，即在 *X* 坐标位置显示深度值。

EDM：深度显示和轴位显示切换键，用于切换坐标显示方式。当按下此键时，X、Y、Z 依次显示目标深度、*Z* 轴最深值、*Z* 轴瞬时位置。此时按键下面的指示灯亮。当再次按下此键时，又恢复到 *X*、*Y*、*Z* 三坐标显示模式，此时按键下面的指示灯熄灭。

公/英：米制、寸制单位切换键。按下此键时，坐标显示单位在米制和寸制之间转换。

清零：非加工状态时，该键用于对坐标轴位清零。例如 *X* 轴清零时的操作：按“X”→“清零”，则 *X* 轴坐标显示为（000.，000）。

1/2：坐标分中键，用于找中心时坐标分中。操作时，先找到某一轴基准，然后把该轴坐标清零，再移动该轴坐标至另一基准位置时，按下此键，即可显示两基准位置的中点坐标。

确认：用于写入所设定的参数值，使其生效。

注意：对某一参数值进行设定时，该值闪烁，必须完成或取消对该值的设定才可以设定其他值；所有参数的设定必须确认后才能生效。

10）参数设定区用于设定脉冲电源的参数，其功能和使用如下。

脉宽：用于设定脉冲持续的时间（脉冲宽度）。有效范围为 1 ~ 999μs。设定值为 990 ~ 999 时，显示值与输出值之间的对应关系见表 1-21-1。

表 1-21-1　脉宽显示值与输出值之间的对应关系

显示值	990	991	992	993	994	995	996	997	998	999
输出值/μs	1100	1200	1300	1400	1500	1600	1700	1800	1900	2000

脉间：用于设定脉冲时间间隔（脉冲间隔）。有效范围为 10 ~999μs。

低压：用于设定低压电流。有效范围为 0 ~30，实际输出的峰值电流约为显示数值的 2 倍。如设定值为 5，则输出的峰值电流约为 10A。

高压：用于设定高压电流。有效范围为 0 ~3。

页面和步序：用于设定自动加工时各阶段的规准参数。

本机床共有 10 个页面（0 ~9），每个页面包括 10 组步序，每组步序都可以存储一组参数，包括电流、脉冲宽度、脉冲间隔、深度等参数。

抬刀高度：用于设定抬刀高度值。有效范围为 1 ~9，显示值与实际值之间的对应关系见表 1-21-2。

表 1-21-2　抬刀高度显示值与实际值之间的对应关系

显示值	1	2	3	4	5	6	7	8	9
实际值/mm	0.2	0.3	0.4	0.5	0.6	0.8	1.1	1.5	2.0

抬刀周期：用于设定抬刀周期。有效范围为 0 ~9，抬刀周期为 0 时，不抬刀。显示值与实际值的对应关系见表 1-21-3。

表 1-21-3　抬刀周期显示值与实际值的对应关系

显示值	1	2	3	4	5	6	7	8	9
实际值/mm	0.5	1	2	4	6	8	10	15	20

间隙：用于设定放电间隙电压。有效范围为 1 ~9，设定值越小，间隙电压越高。

防炭：用于设定积炭检测灵敏度。有效范围为 0 ~9，设定值为 0 时，不进行积炭检测。设定值越小，检测越灵敏。

快落高度：当打开“抬刀切换”时（指示灯亮），主轴快速抬起，达到抬刀高度时，快速落下。当落到某一高度时，转为正常伺服速度，此高度即为快落高度。有效范围为 1 ~9，显示值与实际值的对应关系见表 1-21-4。

表 1-21-4　快落高度显示值与实际值的对应关系

显示值	1	2	3	4	5	6	7	8	9
实际值/mm	0.2	0.25	0.3	0.4	0.5	0.6	0.8	1.1	1.5

11）功能设定区。

睡眠：用于设定自动加工结束状态。按下此键，指示灯亮时，加工结束后自动关机。再次按下此键，指示灯灭时，加工结束后不停机。

反打：用于设定加工方向。按下此键，指示灯亮时，反向（向上）加工。再次按此键，指示灯灭时，为正常加工。该键在加工时无效。

抬刀切换：用于设定是否启用快落功能。按下此键，指示灯亮时，表示抬刀时主轴快速落下；再次按下此键，指示灯灭，抬刀时主轴以伺服速度下落。

消声：用于关闭/打开报警声音。有以下三种使用情况。

① 对刀短路，“消声”灯灭时蜂鸣报警，按下该键，灯亮，取消报警。

②加工时，工作液面未达到设定位置，“消声”灯灭时蜂鸣报警，按下该键，灯亮，取消报警。

注意：此时工作液面保护不起作用，加工时应特别留心。

③ 如果是设定有误、分段调用、结束加工、感光报警或积炭引起的报警，不论“消声”灯亮否，均蜂鸣报警。按下该键可以取消报警，并改变灯的状态。

回零：用于设定自动加工结束状态。按下该键，指示灯亮时，加工结束后自动回到起始位置。再次按此键，指示灯灭，加工结束后自动回到上限位。

自动：用于设定加工状态。按下此键，灯亮时，可以进行分段加工。该键在加工时无效。

F1：慢抬刀功能键。按下此键，灯亮时，启用慢抬刀功能，适合于大面积加工。

F2：分组脉冲功能键。按下此键，灯亮时，输出分组脉冲，适合于石墨电极加工。

F3：用于提高加工间隙电压。按下此键，灯亮时，间隙电压加倍，其设定值为1，1.5，2，…，9.5，共18组参数。

F6：自动对刀功能键。在对零状态时，按下此键，主轴自动进给至工具电极与工件接触，发出报警。

F4、F5：备用键。

4. 手控盒面板及使用

手控盒面板如图1-12所示，共有9个按键和1个旋钮，各使用功能如下。

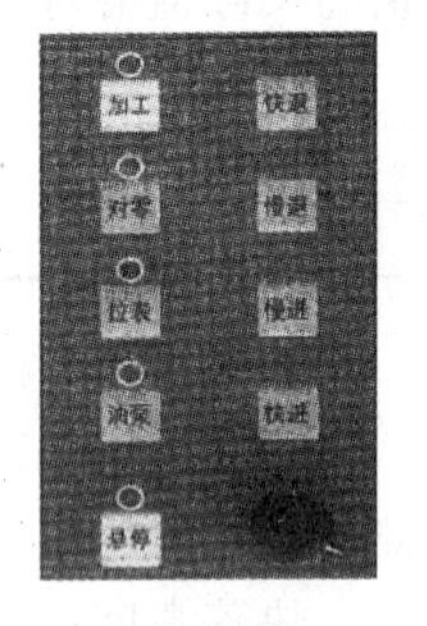

图1-12 手控盒面板

加工：在对刀或拉表状态，加工条件满足的情况下，按下该键，加工指示灯亮，开始放电加工，同时起动液压泵；条件不满足，报警。若工件加工到位，则切断加工电压，关液压泵，主轴回退到原位，切换到对刀状态，报警。

对零：加工状态时（加工灯亮），按此键，则切断加工电压，关液压泵，对零灯亮，系统转换到对零状态。拉表状态时（拉表灯亮），按此键，则对零灯亮，系统转换到对零状态。

拉表：加工灯亮时，按此键，则切断加工电压，关液压泵，同时拉表灯亮，系统转换到拉表状态。对零灯亮时，按此键，则拉表灯亮，系统转换到拉表状态。

油泵：按此键，指示灯亮，液压泵起动，开始供应工作液。再按此键，关液压泵。

悬停：按此键，指示灯亮，主轴悬停，此时“快退”“慢退”和“快进”“慢进”键无效。再按此键，指示灯灭，“快退”“慢退”“快进”“慢进”键有效。

快进、快退：按“快进”键，主轴快速进给。按“快退"键，主轴快速回退。

慢进、慢退：按“慢进”键，主轴慢速进给。按“慢退”键，主轴慢速回退。

注意：对刀短路时，“快进”“慢进”键无效。

伺服旋钮（灵敏度调节旋钮）：用于调节伺服灵敏度。顺时针方向转动该旋钮，灵敏度增高，伺服速度增加；逆时针方向转动该旋钮，灵敏度降低，伺服速度降低。

三	电火花成形机床的常见功能内容引导

1. 回原点操作功能

数控电火花成形机床在加工前首先要回到机械坐标的零点，即 X、Y、Z 轴回到其轴的正极限处。这样，机床的控制系统才能复位，后续操作时，机床运动就不会出现紊乱。

2. 置零功能

将当前点的坐标设置为零。

3. 接触感知功能

让工具电极与工件接触，以便定位。

4. 其他常见功能

其他常见功能如图 1-13 所示。

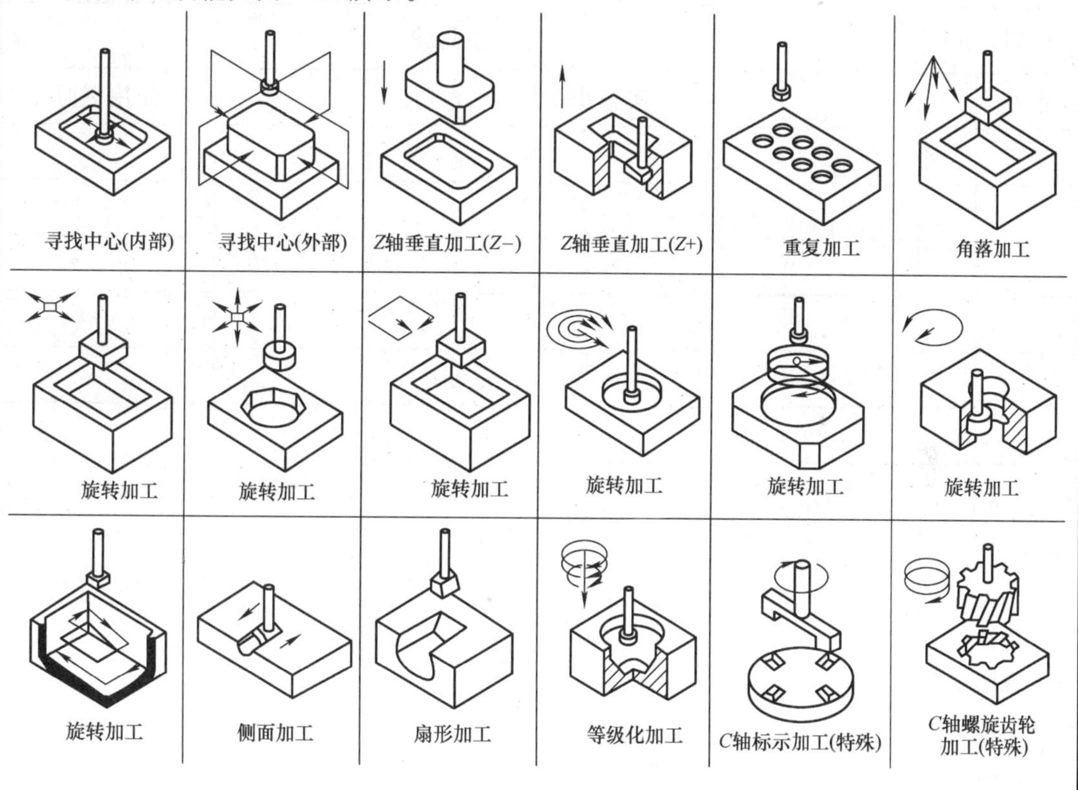

图 1-13　电火花成形机床常用功能

四	基本操作步骤

1）工具电极装夹与找正。

2）工件装夹与定位。

3）加工深度设定。

4）电规准选择。

5）工作液槽注油。

6）放电加工。

7）清洁机床。

1.3.3 计划

根据任务内容制订小组任务计划，简要说明任务实施过程的步骤及注意事项。填写电火花成形加工的操作步骤计划单（表1-22）。

表1-22 电火花成形加工的操作步骤计划单

<table>
<tr><td>学习领域</td><td colspan="4">电火花加工技术</td></tr>
<tr><td>学习情境1</td><td colspan="2">数控电火花成形机床操作</td><td>学时</td><td>15学时</td></tr>
<tr><td>任务1.3</td><td colspan="2">电火花成形加工的操作步骤</td><td>学时</td><td>5学时</td></tr>
<tr><td>计划方式</td><td colspan="4">小组讨论</td></tr>
<tr><td>序号</td><td colspan="2">实施步骤</td><td colspan="2">使用资源</td></tr>
<tr><td></td><td colspan="2"></td><td colspan="2"></td></tr>
<tr><td></td><td colspan="2"></td><td colspan="2"></td></tr>
<tr><td></td><td colspan="2"></td><td colspan="2"></td></tr>
<tr><td></td><td colspan="2"></td><td colspan="2"></td></tr>
<tr><td></td><td colspan="2"></td><td colspan="2"></td></tr>
<tr><td></td><td colspan="2"></td><td colspan="2"></td></tr>
<tr><td></td><td colspan="2"></td><td colspan="2"></td></tr>
<tr><td>制订计划说明</td><td colspan="4"></td></tr>
<tr><td>计划评价</td><td colspan="4">评语：</td></tr>
<tr><td>班级</td><td></td><td>第　　组</td><td>组长签字</td><td></td></tr>
<tr><td>教师签字</td><td colspan="2"></td><td>日期</td><td></td></tr>
</table>

1.3.4 决策

各小组之间讨论工作计划的合理性和可行性，进行计划方案讨论，选定合适的工作计划，进行决策，填写电火花成形加工的操作步骤决策单（表 1-23）。

表 1-23 电火花成形加工的操作步骤决策单

学习领域	电火花加工技术						
学习情境 1	数控电火花成形机床操作					学时	15 学时
任务 1.3	电火花成形加工的操作步骤					学时	5 学时
方案讨论						组号	
方案决策	组别	步骤顺序性	步骤合理性	实施可操作性	选用工具合理性	原因说明	
	1						
	2						
	3						
	4						
	5						
	1						
	2						
	3						
	4						
	5						
	1						
	2						
	3						
	4						
	5						
方案评价	评语：（根据组内的决策，对照计划进行修改并说明修改原因）						
班级		组长签字		教师签字		月 日	

1.3.5 实施

1. 实施准备

任务实施准备主要有场地准备、教学仪器（工具）准备、资料准备，见表1-24。

表1-24 电火花成形加工的操作步骤实施准备

<table>
<tr><td>学习情境1</td><td colspan="2">数控电火花成形机床操作</td><td>学时</td><td>15学时</td></tr>
<tr><td>任务1.3</td><td colspan="2">电火花成形加工的操作步骤</td><td>学时</td><td>5学时</td></tr>
<tr><td>重点、难点</td><td colspan="4">数控电火花成形机床的结构分析</td></tr>
<tr><td>场地准备</td><td colspan="4">特种加工实训室（多媒体）</td></tr>
<tr><td>资料准备</td><td colspan="4">1. 周晓宏. 数控加工工艺与设备. 北京：机械工业出版社，2011。
2. 周湛学，刘玉忠. 数控电火花加工及实例详解. 北京：化学工业出版社，2013。
3. 廖慧勇. 数控加工实训教程. 成都：西南交通大学出版社，2007。
4. 数控电火花成形机床使用说明书。
5. 数控电火花成形机床安全技术操作规程。</td></tr>
<tr><td>教学仪器（工具）准备</td><td colspan="4">数控电火花成形机床</td></tr>
<tr><td colspan="5">教学组织实施</td></tr>
<tr><td>实施步骤</td><td colspan="2">组织实施内容</td><td>教学方法</td><td>学时</td></tr>
<tr><td>1</td><td colspan="2"></td><td></td><td></td></tr>
<tr><td>2</td><td colspan="2"></td><td></td><td></td></tr>
<tr><td>3</td><td colspan="2"></td><td></td><td></td></tr>
<tr><td>4</td><td colspan="2"></td><td></td><td></td></tr>
<tr><td>5</td><td colspan="2"></td><td></td><td></td></tr>
</table>

2. 实施任务

依据计划步骤实施任务，并完成作业单的填写。电火花成形加工的操作步骤作业单见表1-25。

表 1-25　电火花成形加工的操作步骤作业单

<table>
<tr><td>学习领域</td><td colspan="5">电火花加工技术</td></tr>
<tr><td>学习情境 1</td><td colspan="3">数控电火花成形机床操作</td><td>学时</td><td>15 学时</td></tr>
<tr><td>任务 1.3</td><td colspan="3">电火花成形加工的操作步骤</td><td>学时</td><td>5 学时</td></tr>
<tr><td>作业方式</td><td colspan="5">小组分析、个人解答，现场批阅，集体评判</td></tr>
<tr><td></td><td colspan="5">怎样安全操作和维护保养 DK7125NC 机床？</td></tr>
<tr><td colspan="6">作业解答：</td></tr>
<tr><td colspan="6">作业评价：</td></tr>
<tr><td>班级</td><td></td><td>组别</td><td></td><td>组长签字</td><td></td></tr>
<tr><td>学号</td><td></td><td>姓名</td><td></td><td>教师签字</td><td></td></tr>
<tr><td>教师评分</td><td></td><td>日期</td><td colspan="3"></td></tr>
</table>

1.3.6　检查评价

学生完成本学习任务后，应展示的结果有完成的计划单、决策单、作业单、检查单、评价单。

1. 电火花成形加工的操作步骤检查单（表 1-26）。

表 1-26　电火花成形加工的操作步骤检查单

<table>
<tr><td>学习领域</td><td colspan="4">电火花加工技术</td></tr>
<tr><td>学习情境 1</td><td colspan="2">数控电火花成形机床操作</td><td>学时</td><td>15 学时</td></tr>
<tr><td>任务 1.3</td><td colspan="2">电火花成形加工的操作步骤</td><td>学时</td><td>5 学时</td></tr>
<tr><td>序号</td><td>检查项目</td><td>检查标准</td><td>学生自查</td><td>教师检查</td></tr>
<tr><td>1</td><td>任务书阅读与分析能力，正确理解及描述目标要求</td><td>准确理解任务要求</td><td></td><td></td></tr>
<tr><td>2</td><td>与同组同学协商，确定人员分工</td><td>较强的团队协作能力</td><td></td><td></td></tr>
<tr><td>3</td><td>查阅资料能力，市场调研能力</td><td>较强的资料检索能力和市场调研能力</td><td></td><td></td></tr>
<tr><td>4</td><td>资料的阅读、分析和归纳能力</td><td>较强的分析报告撰写能力</td><td></td><td></td></tr>
<tr><td>5</td><td>检查操作面板的使用</td><td>使用是否正确</td><td></td><td></td></tr>
<tr><td>6</td><td>安全生产与环保</td><td>符合“5S”要求</td><td></td><td></td></tr>
<tr><td>7</td><td>检查程序试运行</td><td>判断是否正确</td><td></td><td></td></tr>
<tr><td>检查评价</td><td colspan="4">评语：</td></tr>
<tr><td>班级</td><td></td><td>组别</td><td>组长签字</td><td></td></tr>
<tr><td>教师签字</td><td colspan="2"></td><td>日期</td><td></td></tr>
</table>

2. 电火花成形加工的操作步骤评价单（表 1-27）。

表 1-27　电火花成形加工的操作步骤评价单

<table>
<tr><td>学习领域</td><td colspan="9">电火花加工技术</td></tr>
<tr><td>学习情境 1</td><td colspan="3">数控电火花成形机床操作</td><td colspan="5">学时</td><td>15 学时</td></tr>
<tr><td>任务 1.3</td><td colspan="3">电火花成形加工的操作步骤</td><td colspan="5">学时</td><td>5 学时</td></tr>
<tr><td>评价类别</td><td>评价项目</td><td>子项目</td><td>个人评价</td><td colspan="5">组内互评</td><td>教师评价</td></tr>
<tr><td rowspan="14">专业能力（60%）</td><td rowspan="2">资讯（8%）</td><td>搜集信息（4%）</td><td></td><td></td><td></td><td></td><td></td><td></td><td></td></tr>
<tr><td>引导问题回答（4%）</td><td></td><td></td><td></td><td></td><td></td><td></td><td></td></tr>
<tr><td>计划（5%）</td><td>计划可执行度（5%）</td><td></td><td></td><td></td><td></td><td></td><td></td><td></td></tr>
<tr><td rowspan="5">实施（12%）</td><td>工作步骤执行（3%）</td><td></td><td></td><td></td><td></td><td></td><td></td><td></td></tr>
<tr><td>功能实现（3%）</td><td></td><td></td><td></td><td></td><td></td><td></td><td></td></tr>
<tr><td>质量管理（2%）</td><td></td><td></td><td></td><td></td><td></td><td></td><td></td></tr>
<tr><td>安全保护（2%）</td><td></td><td></td><td></td><td></td><td></td><td></td><td></td></tr>
<tr><td>环境保护（2%）</td><td></td><td></td><td></td><td></td><td></td><td></td><td></td></tr>
<tr><td rowspan="2">检查（10%）</td><td>全面性、准确性（5%）</td><td></td><td></td><td></td><td></td><td></td><td></td><td></td></tr>
<tr><td>异常情况排除（5%）</td><td></td><td></td><td></td><td></td><td></td><td></td><td></td></tr>
<tr><td rowspan="2">过程（15%）</td><td>使用工具规范性（7%）</td><td></td><td></td><td></td><td></td><td></td><td></td><td></td></tr>
<tr><td>操作过程规范性（8%）</td><td></td><td></td><td></td><td></td><td></td><td></td><td></td></tr>
<tr><td>结果（5%）</td><td>结果质量（5%）</td><td></td><td></td><td></td><td></td><td></td><td></td><td></td></tr>
<tr><td>作业（5%）</td><td>作业质量（5%）</td><td></td><td></td><td></td><td></td><td></td><td></td><td></td></tr>
<tr><td rowspan="2">社会能力（20%）</td><td>团结协作（10%）</td><td rowspan="2"></td><td rowspan="2"></td><td rowspan="2"></td><td rowspan="2"></td><td rowspan="2"></td><td rowspan="2"></td><td rowspan="2"></td><td rowspan="2"></td></tr>
<tr><td>敬业精神（10%）</td></tr>
<tr><td rowspan="2">方法能力（20%）</td><td>计划能力（10%）</td><td rowspan="2"></td><td rowspan="2"></td><td rowspan="2"></td><td rowspan="2"></td><td rowspan="2"></td><td rowspan="2"></td><td rowspan="2"></td><td rowspan="2"></td></tr>
<tr><td>决策能力（10%）</td></tr>
<tr><td>评价评语</td><td colspan="9">评语：</td></tr>
<tr><td>班级</td><td></td><td>组别</td><td></td><td colspan="2">学号</td><td colspan="2"></td><td>总评</td><td></td></tr>
<tr><td>教师签字</td><td colspan="2"></td><td>组长签字</td><td colspan="2"></td><td colspan="2">日期</td><td colspan="2"></td></tr>
</table>

1.3.7 实践中常见问题解析

电火花成形机床为电加工设备，由于放电瞬间工具电极与工件间温度较高，加工电流较大，所以必须注意以下几点：

1. 加工中不要触摸工具电极和工件，以防触电。

2. 将光感探头对准工具电极位置，使灭火器处于触发状态。

3. 设置合适的工作液面，使液控浮子开启并起作用。

4. 必须使工作液面高于工件表面或在其最高点 30mm 以上。

5. 正常情况下，“消声” 键的指示灯不亮，此时不得按下此键。

6. 主轴二次行程调整时必须松开锁紧，调至合适位置后，再次锁紧。不得在锁紧状态开启二次行程开关。

7. 机床中所有传动部件、丝杠均为高精度部件，操作时要轻轻摇动，不可大负荷、超行程动作。

8. 传动部件必须经常通过手拉泵加油润滑。

9. 设备使用后要清扫干净，擦干净工作台或吸盘上的工作液，不得使吸盘和工作台面生锈。机床长时间不工作要涂擦防锈油。

学习情境2

电火花穿孔成形加工

【学习目标】

学生在教师的讲解和引导下，了解电火花穿孔加工的应用范围；理解电火花穿孔加工的工艺过程；掌握电火花穿孔加工的工艺方法。

【工作任务】

1. 方孔冲模的电火花加工。
2. 去除断在工件中的钻头或丝锥的电火花加工。
3. 连杆锻模的电火花加工。

【情境描述】

电火花穿孔成形加工是利用火花放电腐蚀金属的原理，用工具电极对工件进行复制加工的工艺方法，其应用又分为冲模加工、粉末冶金模加工、挤压模加工、型孔零件加工、小孔加工、深孔加工等。本学习情境共设3个学习任务：方孔冲模的电火花加工、去除断在工件中的钻头或丝锥的电火花加工、连杆锻模的电火花加工。通过学习，学生应掌握电火花穿孔成形加工的工艺方法。

电火花成形加工的基本工艺包括：工具电极的制作、工件的准备、工具电极与工件的装夹定位、冲抽油方式的选择、加工规准的选择及转换、工具电极缩放量的确定及平动（摇动）量的分配等。

任务2.1　方孔冲模的电火花加工

2.1.1　任务描述

方孔冲模的电火花加工任务单见表2-1。

表 2-1　方孔冲模的电火花加工任务单

<table>
<tr><td>学习领域</td><td colspan="5">电火花加工技术</td></tr>
<tr><td>学习情境 2</td><td colspan="3">电火花穿孔成形加工</td><td>学时</td><td>20 学时</td></tr>
<tr><td>任务 2.1</td><td colspan="3">方孔冲模的电火花加工</td><td>学时</td><td>6 学时</td></tr>
<tr><td colspan="6">布置任务</td></tr>
<tr><td>学习目标</td><td colspan="5">1. 理解电火花加工的基本概念和特点。
2. 理解电火花加工的工作原理和加工本质。
3. 了解电火花加工中脉冲电源的工作原理和分类。
4. 了解常用电火花加工设备的使用情况。
5. 具备正确使用电火花机床的能力。
6. 能够根据所给定的方孔冲模零件图，利用电火花机床加工出零件。</td></tr>
<tr><td>任务描述</td><td colspan="5">方孔冲模（图 2-1）是生产中应用较多的一种模具，由于形状比较复杂，尺寸精度要求较高，所以它的制造已成为生产上的关键技术之一。特别是零件中的方孔，采用一般的机械加工比较困难，在某些情况下甚至无法加工出来；如果依靠钳工加工，则工人劳动强度大，质量不易保证，还常因淬火变形而报废。电火花加工能较好地解决这些问题。
图 2-1　方孔冲模</td></tr>
<tr><td>任务分析</td><td colspan="5">方孔冲模零件若采用机械加工的方法加工，生产效率很低，表面质量也很难满足零件的需要；而采用电火花加工，可以高效地加工出合格的零件。但是在电火花加工前，必须掌握电火花加工的基本知识、工作原理，工具电极材料的选用、设计、制造等，对电火花加工工件的要求，电火花加工参数指标的确定和电火花加工机床的使用等。</td></tr>
<tr><td rowspan="2">学时安排</td><td>资讯</td><td>计划</td><td>决策</td><td>实施</td><td>检查评价</td></tr>
<tr><td>1 学时</td><td>0.5 学时</td><td>0.5 学时</td><td>3 学时</td><td>1 学时</td></tr>
<tr><td>提供资料</td><td colspan="5">1. 汤家荣. 模具特种加工技术. 北京：北京理工大学出版社，2010。
2. 杨武成. 特种加工. 西安：西安电子科技大学出版社，2009。
3. 张若锋，邓健平. 数控加工实训. 北京：机械工业出版社，2011。
4. 周晓宏. 数控加工工艺与设备. 北京：机械工业出版社，2011。
5. 周湛学，刘玉忠. 数控电火花加工及实例详解. 北京：化学工业出版社，2013。
6. 刘晋春，等. 特种加工. 北京：机械工业出版社，2007。</td></tr>
</table>

提供资料	7. 廖慧勇. 数控加工实训教程. 成都：西南交通大学出版社，2007。 8. 刘虹. 数控加工编程及操作. 北京：机械工业出版社，2011。 9. 陈江进，雷黎明. 数控加工编程与操作. 北京：国防工业出版社，2012。
对学生的要求	1. 能够对任务书进行分析，能够正确理解和描述目标要求。 2. 具有独立思考、善于提问的学习习惯。 3. 具有查询资料和市场调研能力，具备严谨求实和开拓创新的学习态度。 4. 能够执行企业“5S”质量管理体系要求，具备良好的职业意识和社会能力。 5. 具备一定的观察理解和判断分析能力。 6. 具有团队协作、爱岗敬业的精神。 7. 具有一定的创新思维和勇于创新的精神。

2.1.2 资讯

1. 方孔冲模的电火花加工资讯单见表 2-2。

表 2-2 方孔冲模的电火花加工资讯单

学习领域	电火花加工技术		
学习情境 2	电火花穿孔成形加工	学时	20 学时
任务 2.1	方孔冲模的电火花加工	学时	6 学时
资讯方式	实物、参考资料		
资讯问题	1. 什么是电火花加工？ 2. 简述电火花加工的特点、应用及局限性。 3. 怎样认识电火花加工的物理过程？ 4. 电火花加工的脉冲电源的功能是什么？ 5. 电火花脉冲电源有哪些分类？概述其应用情况。 6. 简述晶体管脉冲电源的基本工作原理。 7. 电火花工作液的作用有哪些？一般工作液种类有哪些？ 8. 介绍常用工具电极的材料性能。 9. 说明工具电极材料的选择原则。 10. 简述工具电极制造的工艺方法。 11. 简述工具电极装夹的主要事项。 12. 叙述电火花加工中对加工工件的要求。 13. 简述如何确定电火花加工中常见的工艺指标。		

<table>
<tr><td>资讯引导</td><td>1. 问题1、2参阅信息单、刘晋春等主编的《特种加工》相关内容。
2. 问题3参阅信息单、杨武成主编的《特种加工》相关内容。
3. 问题4、5、6参阅信息单、汤家荣主编的《模具特种加工技术》相关内容。
4. 问题7参阅信息单第四部分内容。
5. 问题8、9、10、11参阅信息单第五部分内容。
6. 问题12参阅信息单第六部分内容。
7. 问题13参阅信息单第七部分内容。</td></tr>
</table>

2. 方孔冲模的电火花加工信息单见表2-3。

表2-3　方孔冲模的电火花加工信息单

<table>
<tr><td>学习领域</td><td colspan="3">电火花加工技术</td></tr>
<tr><td>学习情境2</td><td>电火花穿孔成形加工</td><td>学时</td><td>20学时</td></tr>
<tr><td>任务2.1</td><td>方孔冲模的电火花加工</td><td>学时</td><td>6学时</td></tr>
<tr><td>序号</td><td colspan="3">信息内容</td></tr>
<tr><td>一</td><td colspan="3">电火花加工的基本分析</td></tr>
<tr><td colspan="4">1. 电火花加工的原理和设备组成
电火花加工的原理是基于工具和工件（正、负电极）之间脉冲性火花放电时的电腐蚀现象来蚀除多余的金属，以达到对零件的尺寸、形状及表面质量预定的加工要求。电腐蚀现象早在19世纪初就被人们发现了。例如在插头或电器开关触点开、闭时，往往产生火花，把接触表面烧毛、腐蚀出粗糙不平的凹坑，从而逐渐损坏。长期以来，电腐蚀一直被认为是一种有害的现象，人们不断地研究电腐蚀的原因并设法减轻和避免它。
但是事物都是一分为二的，只要掌握规律，在一定条件下可以把坏事转化为好事，把有害变为有用。研究结果表明，电火花腐蚀的主要原理是：电火花放电时火花通道中瞬时产生大量的热，达到很高的温度，足以使任何金属材料局部熔化、汽化而被蚀除掉，形成放电凹坑。这样，人们在研究抗腐蚀办法的同时，开始研究利用电腐蚀现象对金属材料进行尺寸加工。要达到这一目的，必须创造条件，解决下列问题：
1）必须使工具电极和工件被加工表面之间经常保持一定的放电间隙，这一间隙随加工条件而定，通常为几微米至几百微米。如果间隙过大，极间电压不能击穿极间介质，因而不会产生火花放电；如果间隙过小，很容易形成短路接触，同样也不能产生火花放电。为此，在电火花加工过程中，必须具有工具电极自动进给调节装置，使工具电极和工件保持某一放电间隙。
2）火花放电必须是瞬时的脉冲性放电，放电延续一段时间后，需要停歇一段时间。放电延续时间一般为1～1000μs，这样才能使放电所产生的热量来不及传导扩散到其余部分，把每一次的放电蚀除点分别局限在很小的范围内；否则，如果持续电弧放电，会使工件表面烧伤而无法进行尺寸加工。为此，电火花加工必须采用脉冲电源。</td></tr>
</table>

3）火花放电必须在有一定绝缘性能的液体介质中进行，如煤油、皂化液或去离子水等。液体介质又称工作液，它们必须具有较高的绝缘强度（$10^3 \sim 10^7 \Omega \cdot cm$），以有利于产生脉冲性的火花放电。同时，液体介质还能把电火花加工过程中产生的金属碎屑、炭黑等电蚀产物从放电间隙中悬浮排除出去，并且对工具电极和工件表面有较好的冷却作用。

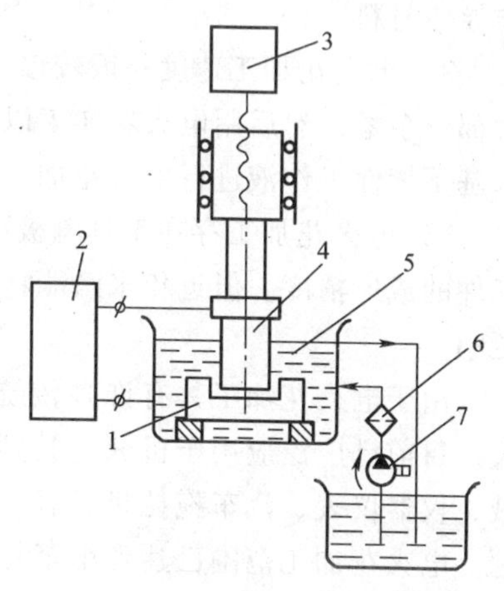

图 2-2 电火花加工原理示意图
1—工件 2—脉冲电源 3—自动进给调节装置 4—工具电极 5—工作液 6—过滤器 7—工作液泵

以上这些问题的综合解决，是通过图 2-2 所示的电火花加工系统来实现的。工件 1 与工具电极 4 分别与脉冲电源 2 的两输出端相连接。自动进给调节装置 3（此处为电动机及丝杠螺母机构）使工具电极和工件间保持一很小的放电间隙，当脉冲电压加到两极之间，便在当时条件下相对某一间隙最小处或绝缘强度最低处击穿介质，在该局部产生火花放电，瞬时高温使工具电极和工件表面都蚀除掉一小部分金属，各自形成一个小凹坑，如图 2-3 所示。图 2-3a 表示单个脉冲放电后的电蚀坑，图 2-3b 表示多次脉冲放电后的工件和工具电极表面。脉冲放电结束后，经过一段时间间隔（即脉冲间隔 t_0），工作液恢复绝缘，第二个脉冲电压又加到两极上，又会在当时极间距离相对最近或绝缘强度最弱处击穿放电，又电蚀出一个小凹坑。这样以相当高的频率连续不断地重复放电，工具电极不断地向工件进给，就可将工具电极的形状复制在工件上，加工出所需要的零件，整个加工表面是由无数个小凹坑组成的。

2. 电火花加工的特点及其应用

（1）电火花加工的主要优点

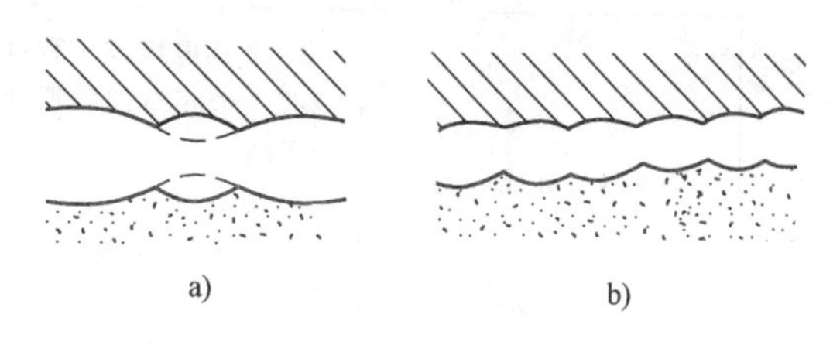

图 2-3 电火花加工表面局部放大图

1）电火花加工适合于任何难切削材料的加工。由于加工中材料的去除是靠放电时的电热作用实现的，材料的可加工性主要取决于材料的导电性及其热学特性，如熔点、沸点、比热容、热导率、电阻率等，而几乎与其力学性能（硬度、强度等）无关。这样可以突破传统切削加工对刀具的限制，可以实现用软的工具加工硬韧的工件，甚至可以加工诸如聚晶金刚石、立方氮化硼一类的超硬材料。目前工具电极材料多采用纯铜或石墨，因此工具电极较容易加工。

2）电火花加工可以加工特殊及复杂形状的表面和零件。由于加工中工具电极和工件不直接接触，没有机械加工宏观的切削力，因此适宜加工低刚度工件及进行微细加工。由于可以简单地将工具电极的形状复制到工件上，因此特别适用于复杂表面形状工件的加工，如复杂型腔模具加工等。数控技术的应用使得用简单的工具电极加工复杂形状零件也成为可能。

（2）电火花加工的局限性

1）电火花加工主要用于加工金属等导电材料，但在一定条件下也可以加工半导体和非导体材料。

2）电火花加工速度一般较慢，因此通常安排工艺时多采用切削加工先去除工件上的大部分余量，然后用电火花加工以提高生产率。但最近已有新的研究成果表明，采用特殊水基不燃性工作液进行电火花加工，其生产率甚至不亚于切削加工。

3）电火花加工存在工具电极损耗。由于工具电极损耗多集中在尖角或底面，会影响工件的成形精度。但近年来已能将粗加工时的工具电极相对损耗比降至0.1%以下，甚至更小。

由于电火花加工具有许多传统切削加工所无法比拟的优点，因此其应用领域日益扩大，目前已广泛应用于机械（特别是模具制造）、宇航、航空、电子、电机电器、精密机械、仪器仪表、汽车拖拉机、轻工等行业，以解决难加工材料及复杂形状零件的加工问题。电火花加工范围已达到小至几微米的小轴、孔、缝，大到几米的超大型模具和零件。

3. 电火花加工工艺方法分类及其特点和用途

按工具电极和工件相对运动的方式和用途的不同，大致可分为：电火花穿孔成形加工，电火花线切割加工，电火花内孔、外圆和成形磨削、电火花同步共轭回转加工，电火花高速小孔加工，电火花表面强化与刻字六大类。前五类属于电火花成形、尺寸加工，是用于改变零件形状或尺寸的加工方法；后者属于表面加工方法，用于改善或改变零件表面性质。以电火花穿孔成形加工和电火花线切割加工应用最为广泛。表2-3-1所列为电火花加工工艺方法分类及各类加工方法的主要特点和用途。

表2-3-1 电火花加工工艺方法分类及其特点和用途

类别	工艺方法	特 点	用 途	备 注
1	电火花穿孔成形加工	1）工具电极和工件间只有一个相对的伺服进给运动 2）工具电极为成形电极，与被加工表面有相同的截面和相反的形状	1）型腔加工：加工各类型腔模及各种复杂的型腔零件 2）穿孔加工：加工各种冲模，挤压模、粉末冶金模、各种异形孔及微孔等	约占电火花加工机床总数的30%，典型机床有D7125、D7140等电火花穿孔成形机床
2	电火花线切割加工	1）工具电极为顺电极丝轴线方向移动的线状电极 2）工具与工件在两个水平方向同时有相对伺服进给运动	1）切割各种冲模和具有直纹面的零件 2）下料、切割和窄缝加工	约占电火花加工机床总数的60%，典型机床有DK7725、DK7740数控电火花线切割机床
3	电火花内孔、外圆和成形磨削	1）工具电极与工件有相对的旋转运动 2）工具电极与工件间有径向和轴向的进给运动	1）加工高精度、表面粗糙度值小的小孔，如拉丝模、挤压模、微型轴承内环、钻套等 2）加工外圆、小模数滚齿刀等	约占电火花加工机床总数的3%，典型机床有D6310电火花小孔内圆磨床等

（续）

类别	工艺方法	特 点	用 途	备 注
4	电火花同步共轭回转加工	1）成形工具电极与工件均做旋转运动，但二者角速度相等或成整数倍，相对应接近的放电点可有切向相对运动速度 2）工具电极相对工件可做纵、横向进给运动	以同步回转，展成回转、倍角速度回转等不同方式，加工各种复杂型面的零件，如高精度的异形齿轮，精密螺纹环规，高精度、高对称度、表面粗糙度值小的内、外回转体表面等	约占电火花加工机床总数不足 1%，典型机床有 JN-2、JN-8 内、外螺纹加工机床
5	电火花高速小孔加工	1）采用细管（>ϕ0.3mm）电极，管内冲入高压水基工作液 2）细管电极旋转 3）穿孔速度较高（60mm/min）	1）线切割穿丝预孔 2）深径比很大的小孔，如喷嘴等	约占电火花加工机床总数的 2%，典型机床有 D703A 电火花高速小孔加工机床
6	电火花表面强化与刻字	1）工具电极在工件表面上振动 2）工具电极相对工件移动	1）模具刃口，刀、量具刃口表面强化和镀覆 2）电火花刻字、打印记	约占电火花加工机床总数的 2% ~ 3%，典型设备有 D9105 电火花强化器等

二　电火花加工的形成条件和机理分析

1. 电火花加工的形成条件

利用电火花加工方法对材料进行加工应具备以下条件：

1）作为工具和工件的两极之间要有一定的距离（通常为数微米到数百微米），并且在加工过程中能维持这一距离。

2）两极之间应充入介质。对导电材料进行尺寸加工时，两极间为液体介质；进行材料表面强化时，两极间为气体介质。

3）输送到两极间的能量要足够大，即放电通道要有很大的电流密度（一般为 10^5 ~ 10^{16} A/cm^2）。这样，放电时产生的大量的热才足以使任何导电材料局部熔化或汽化。

4）放电应是短时间的脉冲放电，放电的持续时间为 10^{-7} ~ 10^{-3}s。由于放电的时间短，使放电产生的热来不及传导扩散，从而把放电点局限在很小的范围内。

5）脉冲放电需要不断地多次进行，并且每次脉冲放电在时间上和空间上是分散的、不重复的，即每次脉冲放电一般不在同一点进行，避免发生局部烧伤。

6）脉冲放电后的电蚀产物能及时排运至放电间隙之外，使重复性脉冲放电顺利进行。

2. 电火花加工的机理分析

火花放电时，电极表面的金属材料究竟是怎样被蚀除下来的，这是电火花加工的物理本质，即电火花加工机理。

从大量实验资料来看，每次电火花腐蚀的微观过程是电场力、热力、磁力、流体动力等综合作用的过程。大致可分为四个阶段：极间介质的击穿和放电通道的形成；介质热分解，工具电极材料熔化、汽化及热膨胀；电蚀产物的抛出；间隙介质消电离。

（1）极间介质的击穿和放电通道的形成　工作介质的击穿状态直接影响电火花加工的规律性，因此必须掌握其击穿的规律和特征，尤其是击穿通道的特性参数（如通道截面尺寸、能量密度等）随击穿状态参数（如电参数、介质特性、电极特性及极间距离等）而变化的规律性。

电火花加工通常是在液体介质中进行的，属于液体介质电击穿的应用范围。液体介质的电击穿是十分复杂的现象，影响因素很多，必须在特定的条件下总结特定的击穿机理。

电火花加工的工艺特性决定极间介质中存在各种各样的杂质，如气泡、蚀除颗粒等，且污染程度是随机的，很难实现对击穿机理的定量研究。X光影像技术的发展和应用，使该研究进入了半定量化阶段。电火花加工所用的工作介质通常是煤油、水、皂化油水溶液及多种介质合成的专用工作液。用分光光度计观察电火花加工过程中的放电现象，显示放电时产生了氢气，氢气泡的电离膨胀导致了间隙介质的击穿。

气泡击穿理论表明，当液体介质中由于某种原因出现气泡（低密度区）时，液体的击穿过程首先在气泡中发生，气体电离产生的电子在强电场的作用下高速向阳极运动，在气、液界面与液体分子碰撞，进一步导致液体分子的汽化电离。另外，电子在气相中的运动还会造成分子、离子的激发。这些处于受激状态的离子在回复常态的过程中，要释放出光子，在液相中产生光致电离，使液体汽化。气泡不断在两极间加长，当气相连通两极时，气体电离程度激增，雪崩电离，形成等离子通道，液体介质被完全击穿。

气相与液相共存。气相首先电离击穿的原因有两个：一是气体的介电常数小，因此气泡中的电场强度比液体中的高；二是气体的击穿电场强度比液体低得多。

介质中气泡产生的原因：工艺过程导致外界空气混入液体介质，吸附于电极表面；电极表面微观不平度的尖峰（尖峰半径小于10μm）处电场集中，产生局部放电，即电晕放电，引起该处液体汽化；导电杂质颗粒在电场力的作用下，进入放电间隙，搭桥连通两极，由于焦耳热而熔化、汽化。

从雪崩电离开始到建立放电通道的过程非常迅速，一般为0.01～0.1μs，间隙电阻从绝缘状态迅速降低到几分之一欧姆，间隙电流迅速上升到最大值（几安到几百安）。间隙电压由击穿电压迅速下降到火花维持电压（一般约为20～25V）。图2-4所示为矩形波脉冲放电时的极间电压和电流波形。

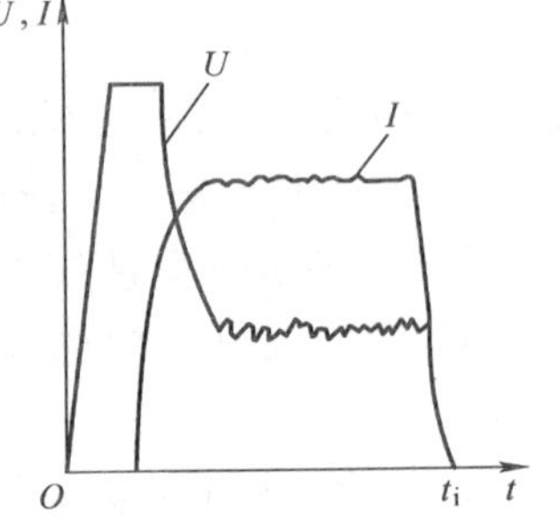

图2-4　矩形波脉冲放电时的极间电压和电流波形

球形气泡和贯通两极的柱形气泡雪崩电离形成的等离子通道具有不同的物理特征。贯通两极的柱形气泡形成的放电通道是圆柱形，通道的初始尺寸等于柱形气泡直径。若柱形气泡直径过小（小于8μm），则形成的放电通道不稳定，产生摇摆和扩径。电极表面的球形气泡形成的通道呈树状结构，杆部的直径近似为尖峰半径，杆部的长度大约为40μm。极间距离小于40μm时，通道的初始尺寸约等于杆部的直径10μm；极间距离大于40μm时，通道的初始尺寸取决于树状通道的头部尺寸40～50μm。树状结构头部的发展是一个不稳定的过程，枝的方向随机不定，不能形成方向、尺寸稳定的通道。这两种方式形成的初始放电通道的物理特征都不受电参数的影响，并且当液体介质的黏度小于10^{-5} m^2/s时，也不受液体介质的影响。

初始电子（气泡初始电离产生）的存在和足够高的电场强度是在液体介质中形成放电通道的必要条件。极间电压和极间距离直接影响极间电场强度，电压升高时，击穿所需时间减少，通道电流密度的上升率增大，进而能量密度的上升率增大。极间距离既影响极间电场强度，又影响电子碰撞电离的效果。间距大时，电子在极间运动的时间长，碰撞次数多，逐级电离效果增强，使击穿所需电场强度降低，但间距的增大却减小了极间外加电场强度。综合作用的结果是对击穿通道的形成和电流波形没有明显的影响。极性对击穿所需时间有明显的影响。雪崩电离过程是由电子的运动决定的，因为正离子的质量接近于分子的质量，在电场的作用下以一定速度飞向阴极的正离子，与分子碰撞，几乎将全部能量传给分子。由于平均自由行程的限制，离子难以达到较高的速度，两次碰撞间正离子所积累的能量不足以激发分子电离，只能使分子处于受激状态，恢复常态时以光子的形式释放能量。正离子与负离子碰撞，可能发生电荷转移而变成中性分子，这个过程要以光子的形式释放电离能。正离子的运动只是向阴极聚拢，形成所谓的正离子鞘层，使阴极产生场致发射，并与阴极的光致发射、热致发射的电子效应叠加，使阴极不断发出电子，产生和维持等离子通道。若初始电离产生于阴极，则正离子在周围的存在加强了该处的电场，不利于液体电离汽化的继续进行。若初始电离产生于阳极，则正离子鞘层的存在加强了阳极该处的电场，促进液体电离汽化的继续进行，有利于放电通道的形成。

（2）介质热分解，电极材料熔化、汽化及热膨胀　极间介质被击穿形成放电通道后，由于受到周围液体介质及电磁效应的压缩作用，在放电初期放电通道截面极小，在这极小的通道截面内，大量的高速带电粒子发生剧烈的碰撞，产生大量的热。此外，高速带电粒子对电极表面的轰击也产生大量的热，两极放电点处的温度可高达10000℃以上。在极短的时间内产生这样高的温度足以熔化、汽化放电点处的材料。

放电时所产生的热量除加热放电点处的材料外，还加热放电通道。放电通道在高温的作用下，瞬时扩展受到很大的阻力，其初始压强可达数十甚至上百兆帕，致使通道中及周围的介质汽化或热分解，这种瞬时形成的气体团急速扩展也产生强烈的冲击波向四周传递。放电通道中的热量大部分消耗在热辐射和热传导上，随着放电通道的长度和放电时间的增加，放电通道所消耗的热量也在增加，两极得到的热量则相对减少，使蚀除量受到一定影响。

带电粒子对电极表面的轰击是电极表面蚀除的主要因素，因此，带电粒子越多，速度越快、则电流密度越大，能量传送速度越高，电极表面放电点处材料的蚀除量就越大。放电通道的热辐射及放电通道中的高温气体对电极表面的热冲击所传递的热量一般不大。

放电瞬时释放的能量除大部分转换成热能外，还有一部分转换成动能、磁能、光能、声能及电磁波辐射能。转换成动能、磁能的部分以电动力、电场力、电磁力、流体动力、热波压力、机械力等形态综合作用，形成放电压力。放电压力是使熔化、汽化材料抛出的作用力之一。转换成光、声、电磁波等形态的能量则属于消耗性的能量。

（3）蚀除产物的抛出　通道和正、负极表面放电点瞬时高温使工作液汽化和金属材料熔化、汽化，热膨胀产生很高的瞬时压力。通道中心的压力最高，处于汽化状态的气体体积不断向外膨胀，形成一个扩张的“气泡”，气泡上下、内外的瞬时压力并不相等，压力高处的熔融金属液体和蒸气被挤掉、抛出而进入工作液中。表面张力和内聚力的作用使抛出的材料具有最小的表面积，冷凝时凝聚成细小的圆球颗粒，其大小随脉冲能量而异。图 2-5 所示为放电过程中的放电间隙状态示意图。

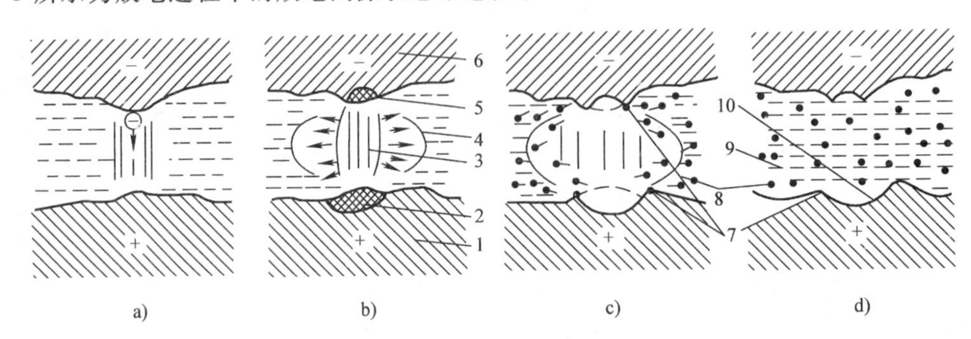

图 2-5　放电过程中的放电间隙状况示意图

1—正极　2—正极上抛出金属的区域　3—放电通道　4—气泡　5—负极上抛出金属的区域　6—负极　7—翻边凸起　8—工作液中凝固的金属微粒　9—工作液　10—凹坑

实际上，熔化和汽化了的金属在抛离电极表面时，向四处飞溅。除绝大部分抛入工作液中收缩成小颗粒外，还有一小部分飞溅、镀覆、吸收在对面的电极表面上。这种互相飞溅、镀覆以及吸附的现象，在某些条件下可以用来减少或补偿工具电极在加工过程中的损耗。

半露在空气中进行电火花加工时，可以见到橘红色甚至蓝白色的火花四处飞溅，它们就是被抛出的高温金属熔滴、小屑。观察铜电极电火花加工钢后的两个电极表面，可以看到在钢材表面上粘有铜，在铜质表面上粘有钢。如果进一步分析电加工后的产物，在显微镜下可以看到除了有游离炭粒和大小不等的铜和钢的球状颗粒之外，还有一些钢包铜、铜包钢的互相飞溅包容的颗粒，此外还有少数由气态金属冷凝成的中心带有空泡的空心球状颗粒产物。

实际上，金属材料的蚀除、抛出过程远比上述的要复杂得多。放电过程中工作液不断汽化，正极受电子撞击，负极受正离子撞击，电极材料不断熔化，气泡不断扩大。当放电结束后，气泡温度不再升高，但由于液体介质惯性作用使气泡继续扩展，致使气泡内压力急剧降低，甚至降至大气压以下，形成局部真空，使在高压下溶解在熔化和过热材料中的气体析出。材料本身在低压下也会再沸腾。由于压力的骤降，熔融金属材料及其气体从小坑中再次爆沸飞溅而被抛出。

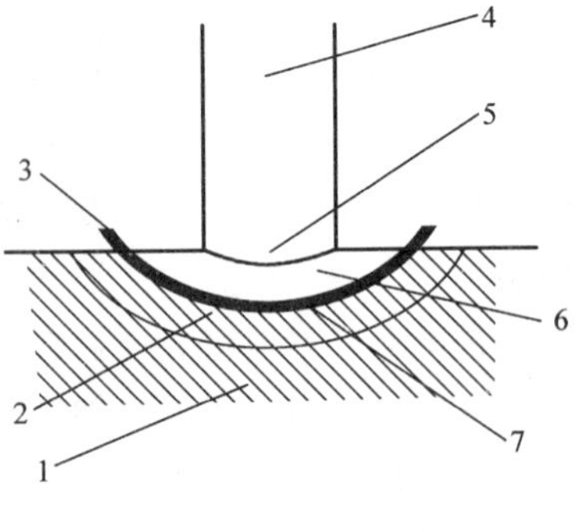

熔融材料抛出后，在电极表面形成放电痕迹，如图 2-6 所示。熔化区未被抛出的材料冷凝后残留在电极表

图 2-6　单个放电痕迹剖面示意图

1—无变化区　2—热影响区　3—翻边凸起　4—放电通道　5—气化区　6—熔化区　7—熔化层

面，形成熔化层，在四周形成稍凸起的翻边。熔化层下面是热影响区，再往下才是无变化的材料基体。

总之，蚀除产物的抛出是热爆炸力、电动力、流体动力等综合作用的结果。对这一复杂的抛出机理的认识还在不断深化中。正极、负极受电子、正离子撞击的能量、热量不同，不同电极材料的熔点、汽化点不同，脉冲宽度、脉冲电流大小不同等，导致正、负电极上被抛出材料的数量也不相同，目前还无法定量计算。

（4）极间介质的消电离　在进行电火花加工时，一次脉冲放电结束后一般应有一间隔时间，使间隙介质消电离，即放电通道中的带电粒子复合为中性粒子，恢复本次放电通道处间隙介质的绝缘强度，以免总是重复在同一处发生放电而导致电弧放电。这样可以保证在两极相对最近处或电阻率最小处形成下一击穿放电通道。

在加工中，如果蚀除产物和气泡来不及很快排出，会改变间隙介质成分和绝缘强度，使间隙中的热传导和对流受到影响，热量不易排出，带电粒子的动能不易降低，从而大大减少复合的概率。间隙长时间局部过热会破坏消电离过程，易使脉冲放电转变为破坏性的电弧放电。同时，工作液局部高温分解后可能积炭，在该处聚成焦粒而在两极间搭桥，致使加工无法进行下去，并烧伤电极对。因此，为了保证加工的正常进行，在两次脉冲放电之间一般应有足够的脉冲间隔，其最小脉冲间隔的选择不仅要考虑介质消电离的极限速度，还要考虑蚀除产物排离放电区域的时间。

到目前为止，人们对于电火花加工微观过程的了解还是很不够的。例如，工作液成分的作用，间隙介质的击穿现象，放电间隙内的状况，正、负电极间能量的转换与分配，蚀除产物的抛出，电火花加工过程中热场、流场、力场的变化，通道结构及其振荡等，都需要做进一步的研究。

三　电火花加工用的脉冲电源分析

电火花加工用的脉冲电源是把工频交流电压和电流转换成一定频率的单向脉冲电源和电流，以供给两电极放电间隙所需要的能量来进行金属加工。脉冲电源对电火花加工的生产率、表面质量、加工精度、加工过程的稳定性和工具电极损耗等技术经济指标有很大的影响。因此，脉冲电源性能的好坏，在电火花加工设备和电火花加工工艺技术中都具有十分重要的意义。

图 2-7 所示为电火花脉冲电源工作原理，脉冲电源主要由脉冲信号发生器和模拟功率开关电路等部分组成。交流电通过降压整流后转换成为约 100V 的直流电源，然后通过由高频脉冲发生器和功率开关电路组成的变换电路，转换成为音频、超音频高频脉冲直流电，再通过工具电极与工件之间间隙放电时产生的火花蚀除材料，进行工件加工。

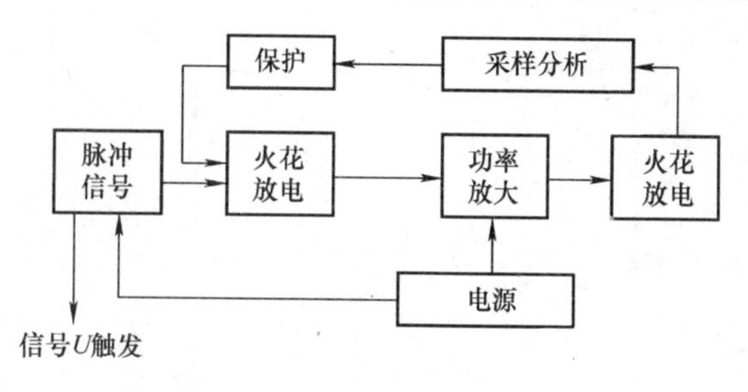

图 2-7　电火花脉冲电源工作原理

图 2-8 所示为脉冲电源的电压波形。

为满足电火花加工的需要，对电火花成形加工脉冲电源有以下要求。

1）脉冲电源要有一定的脉冲放电能量，单位时间输出能量的大小可以在一定范围内调节，否则不能使工件金属汽化。

2）电火花放电必须是短时间的脉冲性放电，这样才能使放电产生的热量来不及扩散到其他部分，从而有效地蚀除金属，提高成形性和加工精度。

3）脉冲波形是单向的，以便充分利用极性效应，提高加工速度和降低工具电极损耗。

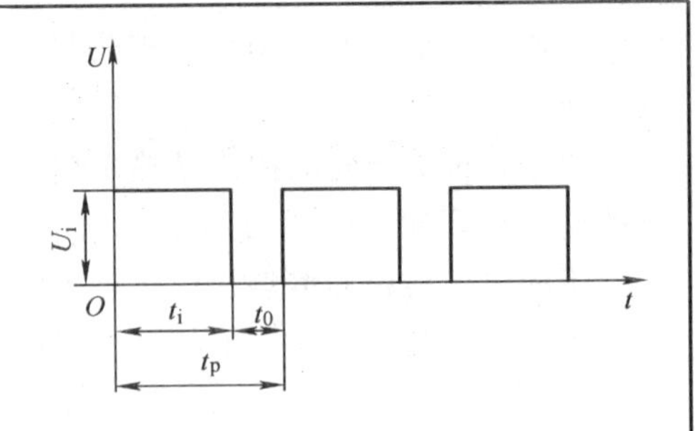

图 2-8　脉冲电源的电压波形

4）脉冲波形的主要参数（峰值电流、脉冲宽度、脉冲间隔等）有较宽的调节范围，以满足粗加工、半精加工、精加工的要求。

5）有适当的脉冲间隔，使放电介质有足够的时间消除电离并冲去金属颗粒，以免产生电弧而烧伤工件。

6）脉冲电源的性能应稳定可靠，其结构力求简单，操作维修应方便。

脉冲电源的好坏直接关系到电火花加工机床的性能，所以脉冲电源往往是电火花机床制造厂商的核心技术之一。从理论上讲，脉冲电源一般有以下几种。

（1）弛张式脉冲电源　弛张式脉冲电源是利用电容器充电储存电能，然后瞬时放出，形成电火花放电来蚀除金属的。因为电容器时而充电，时而放电，一弛一张，故称为弛张式脉冲电源。弛张式脉冲电源的基本形式是 RC 电路，后又逐步改进为 RLC \ RLCL \ RLC。RC 电路的优点是加工精度较高、加工表面质量好、工作可靠、装备简单、易于制造、操作维修方便；其缺点是加工速度低、工具电极损耗大。随着可控硅、晶体管脉冲电源的出现，弛张式脉冲电源的应用逐渐减少，目前多用于特殊材料加工和精密微细加工。

1）RC 型脉冲电源。图 2-9a 所示为 RC 型脉冲电源工作原理，RC 型脉冲电路由两个回路组成：一个是充电回路，由直流电源 E、充电电阻 R 和电容器 C 组成；另一个是放电电路，由电容器 C 和两极放电间隙组成。它的工作过程是：由直流电源 E 经电阻 R 给电容器 C 充电，电容器 C 的两端电压 U 按指数曲线升高，当升高到一定电压时，工具电极与工件间的间隙被电离击穿，形成脉冲放电。电容器 C 将能量瞬时放出，工件材料被腐蚀掉。间隙中介质的电阻是非线性的，当介质未击穿时电阻很大；击穿后，它的电阻迅速减小到接近零。因此，间隙击穿后，电容器 C 所储存的电能瞬时放完，电压降到接近于零，间隙中的介质迅速恢复绝缘，把电离切断。以后电容器再次充电，又重复上述放电过程。图 2-9b 所示是 RC 型脉冲电源电压波形。

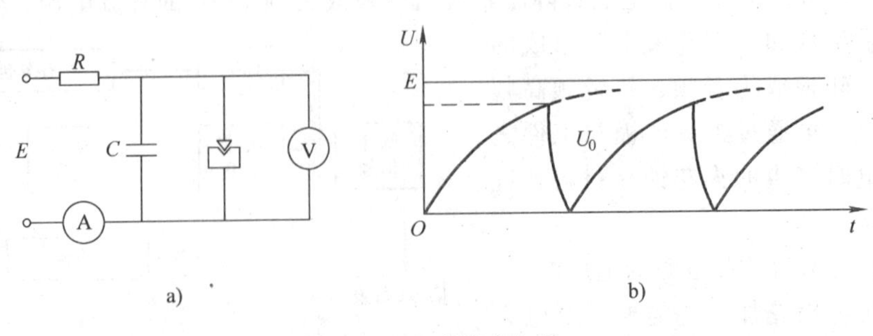

图 2-9　RC 型脉冲电源

a）工作原理　b）电压波形

由于 RC 型脉冲电源是靠工具电极和工件间隙中的工作液的击穿来恢复绝缘和切断脉冲电流的，因此间隙大小、蚀除产物的排出情况等都影响脉冲参数，使脉冲参数不稳定，所以这种电源又称为非独立式电源。RC 型脉冲电源的主要优点是结构简单、工作可靠、成本低；主要缺点是电利用率低、生产效率低、工艺参数不稳定、工具电极损耗较大等。

2）RLC 型脉冲电源。图 2-10 所示为 RLC 型脉冲电源工作原理，它是在 RC 型脉冲电源电路中，附加一个电感 L 组成的，工作性能较好。RLC 型脉冲电源是非独立式的，即脉冲频率、单个脉冲能量和输出功率等电参数取决于放电间隙的物理状态，因此它和 RC 型脉冲电源类似，也会对加工的工艺指标产生不利的影响。由于 RLC 型脉冲电源的充电回路中电感 L 的作用，在电火花加工过程中经常会在电容器两端出现电压，因此对储能电容器的耐压有较高的要求，通常应为直流电源电压 E 值的 4～5 倍。

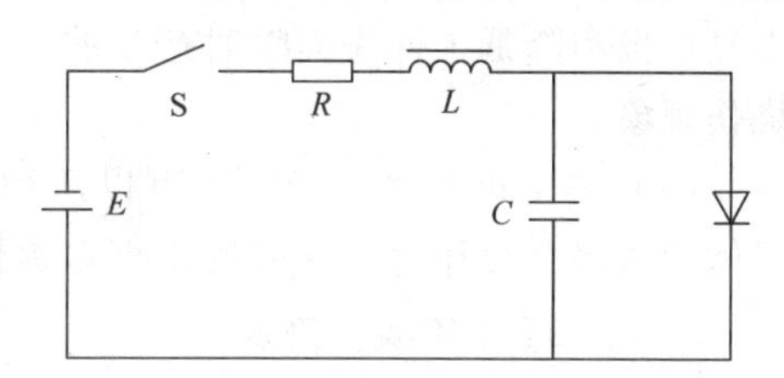

图 2-10　RLC 型脉冲电源工作原理

（2）闸流管脉冲电源　闸流管是一种特殊的电子管，当对其栅极通入一脉冲信号时，便可控制管子的导通或截止，输出脉冲电流。由于闸流管脉冲电源的电参数与加工间隙无关，故又称为独立式电源。闸流管脉冲电源的生产率较高，加工稳定，但脉冲宽度较窄，工具电极损耗较大。

（3）晶体管和晶闸管脉冲电源　晶体管和晶闸管脉冲电源都能输出各种不同脉冲宽度、峰值电流、脉冲间隔的脉冲波，能较好地满足各种工业条件，尤其适用于型腔电火花加工。晶体管脉冲电源是近年发展起来的以晶体元件作为开关元件的、用途广泛的电火花脉冲电源，其输出功率大，电规准调节范围广，工具电极损耗小，故适应于型孔、型腔、磨削等各种不同用途的加工。晶体管脉冲电源已越来越广泛地应用在电火花加工机床上。

目前普及型（经济型）的电火花加工机床都采用高低压复合的晶体管脉冲电源，中、高档电火花加工机床都采用微机数字化控制的脉冲电源，而且内部存有电火花加工规准的数据库，可以通过微机设置和调用各档粗加工、半精加工、精加工规准参数。例如，汉川机床厂、日本沙迪克公司的电火花加工机床，加工规准用 C 代码（如 C320）表示和调用，三菱公司则用 E 代码表示。通常情况下，晶体管脉冲电源主要用于纯铜电极的加工，晶闸管脉冲电源则主要用于石墨电极的加工。这两种脉冲电源都能在脉冲宽度、脉冲间隔、峰值电流等参数上有较大范围的变动，因此都能做粗加工、半精加工、精加工；如果选择合理，在粗加工时可以使工具电极损耗小于1%。

四	电火花工作液分析

电火花加工必须在有一定绝缘性能的液体介质中进行，该液体介质通常称为电火花工作液（或称为加工液）。电火花工作液是参与放电蚀除过程的重要因素，它的各种性能均会影响加工的工艺指标，所以要正确地选择和使用电火花工作液。

1. 电火花工作液的作用

（1）消电离作用　在脉冲间隔火花放电结束后，尽快恢复放电间隙的绝缘状态（消电离），以便下一个脉冲电压再次形成电火花放电。工作液有一定的绝缘强度，电阻率较高，放电间隙消电离、恢复绝缘时间短。

（2）排出蚀除产物作用　电火花加工过程中会产生大量的蚀除产物，如果这些蚀除产物不能及时排出，会影响到正常的电火花加工过程。工作液可以使蚀除产物较易从放电间隙中排出，以免放电间隙被严重污染，从而导致电火花放电点不分散而形成有害的电弧放电。

（3）冷却作用　由于电火花放电时放电通道中瞬时产生大量的热，工作液可以冷却工具电极和降低工件表面瞬时产生的局部高温，使工件表面不会因局部过热而产生积炭、烧伤现象。

（4）增加电蚀量　工作液可以压缩电火花放电通道，增加通道中被压缩气体、等离子体的膨胀及爆炸力，从而抛出更多熔化和汽化的金属。

2. 电火花工作液的要求

电火花工作液与脉冲电源及控制系统一样，也是实现正常电火花加工不可缺少的条件。工作液不仅对加工效率、精度、工具电极损耗等工艺指标有直接的影响，而且对环保、安全有直接的影响。因此，对工作液提出了更高的要求。

1）闪点。当工作液暴露在空气中时，工作液表面分子蒸发，形成工作液蒸气，工作液蒸气和空气的比例达到某一数值并与外界火源接触时，其混合物会产生瞬时爆炸，此时的温度就是该工作液的闪点。一般来说，工作液的闪点越高，越不易起火、汽化、损耗，成分稳定性越好，使用寿命也越长。工作液闪点一般应高于70℃。

2）黏度。黏度是液体流动阻力大小的一种量度。黏度值较高的液体其流动性差，黏度值较低的液体其黏性差。低黏度的工作液在加工间隙中的流动性好，能更好地将电蚀产物及加工产生的热量带走。工作液黏度随温度的上升而降低，随温度的降低而上升。常用的电火花工作液的黏度为2.2～3.6mm^2/s（40℃）。

3）密度。工作液的密度是指单位体积液体的质量。若工作液的密度过大，则工作液较稠，电火花加工时产生的金属颗粒就会悬浮于工作液中，使工作液呈混浊状态，从而导致电火花放电时产生拉弧现象，或者二次放电（即已加工表面上由于电蚀产物等的介入而再次进行的非正常放电，集中反映在加工深度方向产生斜度和加工棱角时棱边变钝等方面），严重影响加工温度。一般情况下，电火花加工工作液的密度应在0.65g/mL左右。

4）氧化稳定性。工作液的氧化是指工作液成分和氧气产生化学反应，表示其成分已变质。氧化作用随温度的升高或某些金属的催化作用而加速，也随时间而增强，同时使工作液的黏度增大。因此，氧化稳定性是评价工作液性能的重要指标。

5）对工件不污染、不腐蚀。

6）臭味小。电火花加工过程中分解出的气体烟雾必须是无毒的，对人体无伤害，但可能对大气环境造成影响。如果工作液带有类似燃料油之类的气味或其他溶剂的气味，则表明该工作液质量差，或已变质，不能使用。

3. 电火花工作液的种类

早期的电火花工作液基本上都是使用水和一般矿物油（如煤油、变压器油等）。近年来，随着环保要求的提高、机床升级换代以及引进国外不同类型的电火花工作液等，开始出现了合成型、高速型和混合型的电火花工作液。目前，我国市场上常见的电火花工作液主要有以下几种。

（1）煤油　我国过去的电火花工作液普遍采用煤油。它的性能比较稳定，其黏度、密度、表面张力等也完全符合电火花加工的要求，但煤油的缺点显而易见，主要是闪点低（46℃左右），使用中会因意外疏忽导致火灾，而且其芳烃含量高、易挥发，加工分解出的有害气体多。另外，其加工附加值差，易造成加工环境污染，滤芯需要频繁更换。

（2）水基及一般矿物油型工作液　这是第一代水基工作液产品，仅局限于电火花高速穿孔加工等极少数加工类型使用，其绝缘性、工具电极消耗、防锈性等都很差，成形加工基本不用。矿物油的黏度一般较低，具有良好的排屑功能，但闪点较低。矿物油型工作液价格低廉，且有一定的芳烃含量，对提高加工速度有利。

（3）合成型（或半合成型）工作液　由于采用矿物油作为工作液进行电火花加工时对人体健康有影响，随着数控成形机床数量的增多，加工对象的精度、表面粗糙度、生产率都在提高，因此，对工作液的要求也日益提高。到了20世纪80年代，开始出现合成型工作液，其成分主要是正构烷烃和异构烷烃。由于不加酚类抗氧化剂，因此，这种工作液颜色透亮，几乎不含芳烃，没有异味。

（4）高速合成型工作液　高速合成型工作液是在合成型工作液的基础上，加入聚丁烯等添加剂，旨在提高电蚀速度和效率。很多石油公司研制出加入了聚丁烯、乙烯、乙烯烃的聚合物和环苯类芳烃化合物等的工作液。电火花加工过程中，其熔融金属的温度常达到104℃，因此，工作液必须有良好的冷却性，以便迅速冷却。工作液闪点、沸点低，则因熔融金属温度高而蒸发的蒸气膜导致冷却金属熔融物的时间变长。加入聚合物后，沸点高的聚合物迅速破坏蒸气膜，提高了冷却效率，从而也提高了加工速度。这种添加剂成本高，工艺不易掌握，通常脂肪烃类聚合物加多了容易引起电弧现象，并不是很适用。

4. 工作液的使用注意事项

在工作中只有正确使用工作液，才能延长其使用寿命，使电火花设备安全、正常地生产，保证加工人员的人身安全。

（1）防止溶解水带入　当空气的温度和湿度较高时，空气中的一部分水分被吸附在工作液中而成为溶解水，溶解水的出现会引起工作台的锈蚀和工作液混浊，同时也影响工作液的介电性能。防止工作液带入溶解水的措施有以下几种。

1）加工作液时，防止将工作液桶底部的沉积水加入工作液箱中；加完油后，必须使工作液在工作液箱中静置8h以上，使带入工作液中的微量溶解水沉降到工作液箱底部，从放油口放掉。

2）当机床长时间停用而再次使用时，必须从放油口排水，以防溶解水存积。

3）机床安装在恒温干燥的空间及减少工作液外露面积，均可减少溶解水的出现。

（2）预防工作液溅到加工人员身上　根据实验可知，若人体皮肤长时间接触工作液，会出现干燥、开裂及过敏等现象。因此，当皮肤接触到工作液时应及时用水加洗涤液洗净；当衣服沾染较多工作液时应及时换下，并将身上沾的工作液洗净。

五	电火花加工工具电极分析

电火花加工用的工具是火花放电时的电极之一，故称为工具电极，它用以蚀除工件材料。工具电极不同于机加工用的刀具或者线切割用的电极丝，它不是通用工具而是专用工具，需要按照工件的材料、形状及加工要求进行电极材料的选择、形状设计、加工制造并安装到机床主轴上。在电火花加工中，工具电极材料的选择是一项非常重要的工作，电极材料的性能将影响工具电极的电火花加工性能（材料去除率、工具损耗率、工件表面质量等），因此，正确选择工具电极材料对于电火花加工至关重要。

电火花加工用工具电极材料应满足高熔点，低热胀系数，良好的导电性、导热性和力学性能等基本要求，从而在使用过程中具有较低的损耗率和良好的抵抗变形的能力。工具电极具有的微细结晶的组织结构对于降低电极损耗也比较有利，一般认为减小晶粒尺寸可降低电极损耗率。此外，工具电极材料应使电火花加工过程稳定、生产率高、工件表面质量好，并且电极材料本身应易于加工、来源丰富及价格低廉。

由于电火花加工的应用范围不断扩展，相应地对工具电极材料（包括相应的电极制备方法）也不断提出新的要求。随着材料科学的发展，人们对电火花加工用工具电极材料不断进行着探索和创新，目前在研究和生产中已经使用的工具电极材料有石墨、铜和钨等单金属，以及钨基合金、钢、铸铁、铜基复合材料、聚合物复合材料和金刚石等几大类。

1. 常用工具电极材料

(1) 石墨　石墨具有良好的导电性、导热性和可加工性，是电火花加工中广泛使用的工具电极材料。石墨有不同的种类，可按石墨粒子的大小、材料的密度和机械加工性能进行分级。其中，细级石墨的粒子和孔隙率较小，机械强度较高，价格也较贵，用于电火花加工时通常工具电极损耗率较低，但材料去除率相应也要低一些。市场上供应的石墨其平均粒子大小在20μm以下，选选用时主要取决于工具电极的工作条件（粗加工、半精加工或精加工）及其几何形状。工件加工表面粗糙度与石墨粒子的大小有直接关系，通常粒子平均尺寸在1 μm以下的石墨电极专门用于精加工。有研究采用两种不同等级的石墨电极加工难加工材料上的深窄槽，比较它们的材料去除率和电极损耗率，结果表明，石墨种类的选择主要取决于具体的电火花加工对材料去除率和电极损耗率哪方面的要求更高。

与其他电极材料相比，石墨电极可采用大的放电电流进行电火花加工，因而生产率较高；粗加工时电极的损耗率较小，但精加工时电极损耗率增大，加工表面质量较差。石墨电极具有重量轻，价格低的优点，但由于石墨具有高脆性，通常难以用机械加工方法加工成薄而细的形状，因此它在精细复杂形状电火花加工中的应用受到限制，而采用高速铣削可以较好地解决这一问题。为了改善石墨电极的电火花加工性能，将石墨粉烧结电极浸入熔化的金属（铜或铝）中，并对液态金属施加高压，使金属铜或铝填充到石墨电极的孔隙中，以改善其强度和导热性。注入金属后，石墨电极的密度、热导率和弯曲强度增大，电阻率大幅度降低，表面质量得到改善。研究结果表明，这种新材料电极与常规石墨电极相比，电极损耗率和材料去除率无明显差别，但加工表面粗糙度值更小，尤其是注入铜的石墨电极可获得小得多的加工表面粗糙度值。

石墨的机械加工性能优良，其切削阻力小，容易磨削，很容易制造成形，无加工毛刺，密度小，只有铜的1/5。在石墨的切削加工中，刀具很容易磨损，一般建议采用硬质合金刀具或有金刚石涂层的刀具。在粗加工时，刀具可直接在石墨毛坯上下刀；精加工时，石墨易发生崩角、碎裂的现象，所以常采用轻刀快进的方式加工，背吃刀量可小于0.2mm。石墨电极在加工时产生的粉尘比较多，且粉尘有毒性，这就要求机床有相应的处理装置，机床密封性要好。在加工前将石墨在煤油中浸泡一段时间可防止崩角、减少粉尘。

石墨电极电火花加工稳定性较好，在粗加工或窄脉冲宽度的精加工时，电极损耗很小。石墨电极的导电性好，加工速度快，能节省大量的放电时间，在粗加工中更显优良；其缺点是在精加工中放电稳定性较差，容易过渡到电弧放电，因此只能选取损耗较大的加工条件来加工。

(2) 纯铜　纯铜是目前在电火花加工领域应用最多的工具电极材料。

纯铜材料塑性好，可机械加工成形、锻造成形、电铸成形及电火花线切割成形等，能制成各种复杂的工具电极形状，但难以磨削加工。用于电火花加工的纯铜必须是无杂质的电解铜，最好经过锻打。

纯铜电极电火花加工稳定性好，其物理性能稳定，容易获得稳定的加工状态，不容易产生电弧等不良现象，在较困难的条件下也能稳定加工。精加工中采用低损耗规准，配合一定的工艺手段和电源后，可完成表面粗糙度 Ra 值达 0.025μm 的镜面超光加工。但因其材料熔点低（1083℃），不宜承受较大的电流密度，一般不能用于超过30A电流的加工，否则会使工具电极表面严重受损、龟裂，影响加工效果。纯铜电极热胀系数较大，在加工深窄肋位部分时，较大电流导致的局部高温很容易使工具电极发生变形。纯铜电极通常采用低损耗的加工条件，由于低损耗加工的平均电流较小，其生产率不高，故常用于工件预加工。

纯铜电极可适合较高精度模具的电火花加工，如中、小型型腔，花纹图案，细微部位等加工。

(3) 聚合物复合材料　这里所说的聚合物复合材料是一种导电热塑性聚合物复合材料，用这种材料制造的工具电极能以空气或水作为工作介质，进行工件表面电火花加工或抛光。聚合物复合材料电极是由质量百分比为60%～65%的固态碳材料（如细的炭黑粉、石墨粉、石墨片甚至炭纳米管等的混合物）均匀分布在热塑性基体材料（如聚苯乙烯）中制成的，可反复软化并模压成所需几何形状。与石墨电极相比，这种聚合物复合材料电极成本较低，可模压成复杂几何形状，制作速度比铣削加工快得多；其密度较低、电阻率较高，因而电极损耗率较高，不过电极在使用过程中可通过重新模压加以修整。

该复合材料的组分仍处于研究开发阶段，好的可塑性工具电极应具有低电阻率、高热导率、低热胀系数、良好的可成形性及在水中的尺寸稳定性，并能耐热循环。

(4) 钢　在冲模加工时，可以用“钢电极加工钢”的方法，用加长的上冲头钢作为工具电极，直接加工凹模，此时凸模作为工具电极。要注意的是，凸模不能选用与凹模同一型号的钢材，否则电火花加工时将很不稳定。用钢作为工具电极时，一般采用成形磨削加工或者采用线切割直接加工凸模。为了提高加工速度，常将工具电极的下端用化学腐蚀

（酸洗）的方法均匀腐蚀掉一定厚度，使其呈阶梯形，这样刚开始加工时可用较小的截面、较大规准进行粗加工，等到大部分余量被蚀除、型孔基本穿透时，再用上部较大截面的工具电极进行精加工，从而保证所需的模具配合间隙。表 2-3-2 为常用电火花加工电极材料的性能。

表 2-3-2 常用电火花加工电极材料的性能

电加工性能			机加工性能	说明
电极材料	稳定性	电极损耗		
钢	较差	中等	好	在选择电规准时注意加工稳定性
铸铁	一般	中等	好	加工冷冲模时常用的电极材料
黄铜	好	大	一般	电极损耗太大
纯铜	好	较大	较差	磨削困难，难以与凸模连接后同时加工
石墨	一般	小	一般	机械强度较差，易崩角
铜钨合金	好	小	一般	价格高，在深孔、硬质合金模具加工中使用
银钨合金	好	小	一般	价格太高，一般很少使用

2. 电极材料的选择

如何能够应用有限的资源提高产值？如何在同等条件下节省时间、成本与能源？选择电极材料时，应综合考虑这些方面的因素，对各种电极材料做出对比并合理选择，这也是电火花加工中的一项重要内容。

（1）电极材料必须具备的特点。在电火花加工的过程中，电极用来传输电脉冲，蚀除工件材料。电极材料必须具有导电性能良好、损耗小、加工成形容易、加工稳定、效率高、材料来源丰富、价格便宜等特点。

（2）电极材料的选择原则　合理选择电极材料，可以从多方面进行考虑：材料是否容易加工成形，工具电极的放电加工性能如何，加工精度、表面质量如何，材料的成本是否合理，工具电极的重量如何。在很多情况下，选择不同的电极材料各有其优劣之处，这就要求抓住加工的关键要素。如果进行高精度加工，就要抛弃电极材料成本的考虑；如果进行高速加工，就要将加工精度要求放低。很多企业在选择工具电极材料时考虑不周，大小电极一律习惯选用纯铜，这种做法在普通加工中不会表现出弊端，但在极限加工中就明显存在问题，影响加工效果；在精细加工中往往出现电极材料损耗太大，需要采用多个电极进行加工；大型电极也选用纯铜，导致加工耗时增多。

（3）电极材料选择的优化方案　即使是同一工件的加工，不同加工部位的精度要求也是不一样的。在保证加加工精度的前提下，选择电极材料应以大幅提高加工效率为目的。高精度部位的加工可选用纯铜作为粗加工电极材料，选用铜钨合金作为精加工电极材料；较高精度部位的粗、精加工均可选用纯铜作为电极材料；一般加工可用石墨作为粗加工电极材料，精加工时选用纯铜材料或者石墨均可以；精度要求不高的情况下，粗、精加工均可选用石墨作为电极材料。这里的优化方案充分利用了石墨电极加工速度快的特点。

3. 电极的结构形式

工具电极的结构形式应根据电极外形尺寸的大小和复杂程度、电极的结构工艺性等因素综合考虑。

（1）整体式电极　若整体式电极是用一块整体材料加工而成的，是最常见的结构形式。对于横截面积及重量较大的电极，可在电极上开孔以减轻电极重量，但孔不能开通，孔口应向上，如图 2-11 所示。

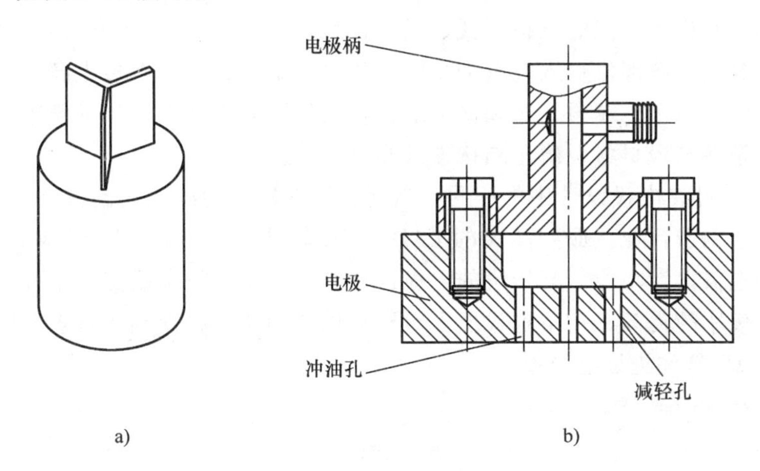

图 2-11　整体式电极
a）外观图　b）内部结构

（2）组合电极　在电火花加工中，有时可以把多个电极组合在一起，如图 2-12 所示，一次穿孔可完成各型孔的加工，这种电极称为组合电极。用组合电极加工，生产率高，各型孔间的位置精度取决于各电极的位置精度。

（3）镶拼式电极　对于形状复杂的电极，整体加工有困难时，常将其分成几块，分别加工后再镶拼成整体，如图 2-13 所示，这样既节省材料，又便于电极的制造。

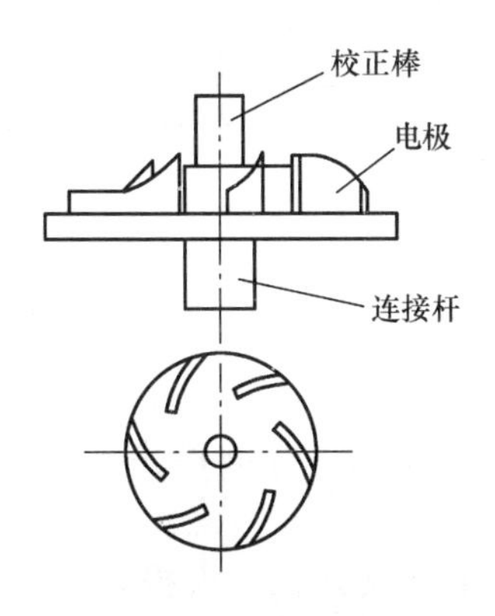

图 2-12　组合电极

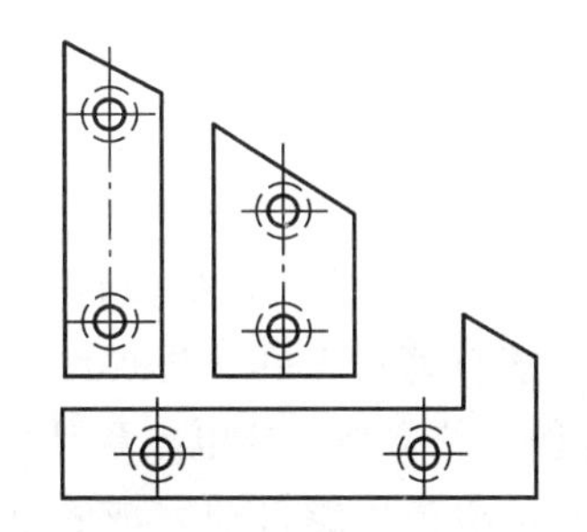

图 2-13　镶拼式电极

无论采用哪种结构形式，工具电极都应有足够的刚度，以利于提高加工过程的稳定性。对于体积小、易变形的电极，可将电极工作部分以外的截面尺寸增大以提高刚度；对于体积较大的电极，要尽可能减轻电极的重量，以减少机床的变形。电极与主轴连接后，其重心应位于主轴轴线上，对于较重的电极尤为重要，否则会产生附加偏心力矩，使电极轴线偏斜，影响机械零件的加工精度。

4. 电极设计

电极设计是电火花加工中的关键点之一。在设计中，第一是详细分析产品图样，确定电火花加工位置；第二是根据现有设备、材料、拟采用的加工工艺等具体情况确定电极的结构形式；第三是根据不同的电极损耗、放电间隙等工艺要求，对照型腔尺寸进行缩放，同时要考虑工具电极各部位投入放电加工的先后顺序不同，工具电极上各点的总加工时间和损耗不同，同一电极上端角、边和面上的损耗值不同等因素来适当补偿电极。电极设计的主要内容是选择电极材料，确定结构形式和尺寸等。

（1）CAD 软件在电极设计中的应用　当前，计算机辅助设计与制造（CAD/CAM）技术已广泛应用于制造行业。那些高端的 CAD/CAM 软件，如 UG、Creo、Master CAM 等都提供了强大的电极设计功能，与传统的电极设计方式相比，效率提高了十几倍，甚至几十倍。电极设计效率的提高，在某种程度上对提高模具制造效率起到非常重要的作用。图 2-14 所示为用 CAD 软件进行电极设计。

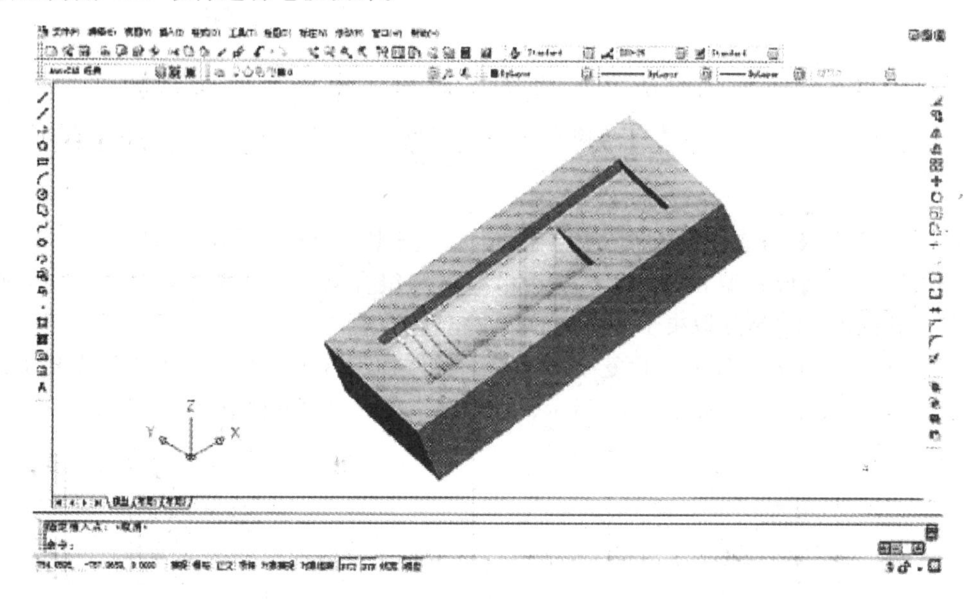

图 2-14　用 CAD 软件设计电极

用 CAD 软件进行电极设计，有以下一些优点。

1）能自动完成单个电极的设计，方便、快捷。提供了电极设计的自动提取放电工位面，方便、快捷地生成电极延伸面等强大功能。

2）电极模板能自动完成特征相同、相近的大批量电极设计，大大提高了电极设计效率。

3）电极模拟功能能自动进行电极和需要放电加工的工件上不同特征间的干涉检查，保证放电加工的安全性。

4）能自动生成电极图样。图样中提供了电极毛坯的尺寸规格、电极的放电间隙值、平均间隙值及电极在放电加工中的相对坐标位置。

5）提供了电极加工模块，与电极设计模块结合使用，方便、高效。

（2）电极尺寸的确定　电极的尺寸包括垂直尺寸和水平尺寸，它们的公差值是型腔相应部分公差值的1/2～2/3。

1）垂直尺寸。电极平行于机床主轴轴线方向上的尺寸称为电极的垂直尺寸。电极的垂直尺寸取决于采用的加工方法、加工工件的结构形式、加工深度、电极材料、型孔的复杂程度、装夹形式、使用次数、电极定位找正、电极制造工艺等一系列因素。

在设计中，综合考虑上述各种因素后就能很容易地确定电极的垂直尺寸，下面简单举例说明。

图2-15a所示的凹模穿孔加工工具电极，L_1为凹模板挖孔部分长度尺寸；在实际加工中，L_2部分虽然不需电火花加工，但在设计电极时必须考虑该部分长度；L_3为电极加工中端面损耗部分，在设计中也要考虑。

图2-15b所示的工具电极用来清角，即清除某型腔的角部圆角。加工部分电极较细，受力易变形，由于电极定位、找正的需要，在实际中应适当增加长度L_1。

图2-15c所示为电火花成形加工工具电极，电极尺寸包括加工一个型腔的有效高度L，当一个型腔位于另一个型腔中时需增加的高度L_1，加工结束时电极夹具和夹具或压板不发生碰撞而应增加的高度L_2等。

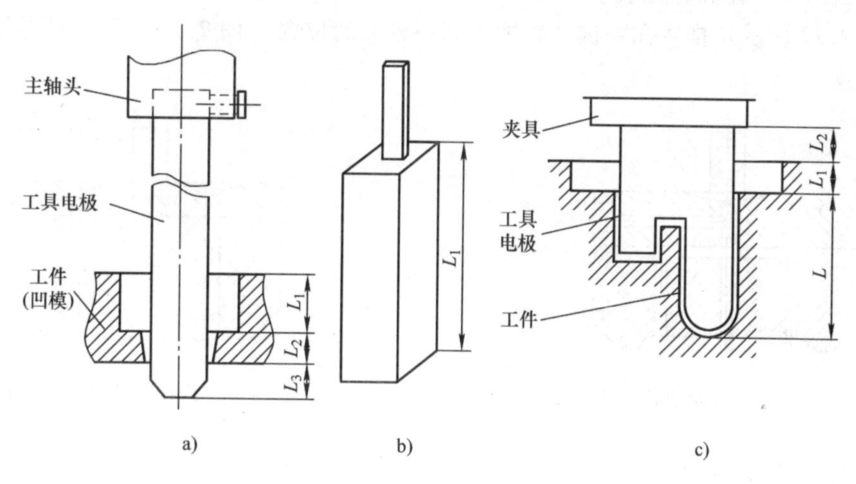

图2-15　工具电极的垂直尺寸

a）凹模穿孔加工工具电极　b）清角工具电极　c）电火花成形加工

2）水平尺寸。电极的水平尺寸是指与机床主轴轴线相垂直的横截面尺寸，如图2-16所示。

工具电极的水平尺寸可用下式确定，即

$$a = A \pm Kb$$

式中　a_1、a_2、a_3——工具电极水平方向的尺寸（mm）；

A_1、A_2、A_3——型腔的水平方向的尺寸（mm）；

K——与型腔尺寸标注法有关的系数；

b——工具电极单边缩放量（mm）。

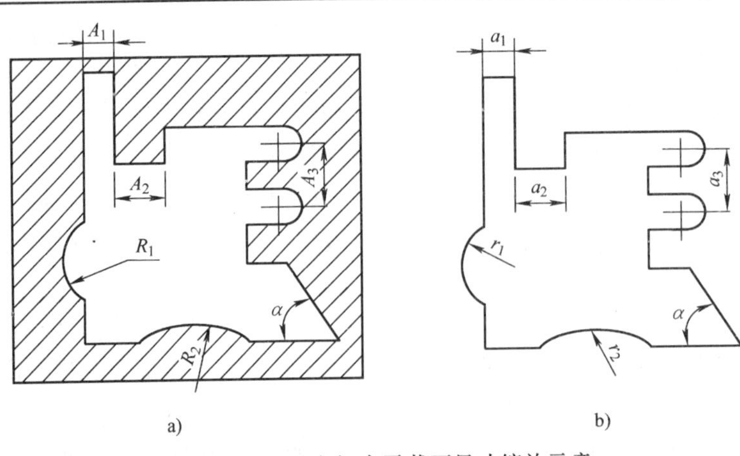

图 2-16　工具电极水平截面尺寸缩放示意

a）型腔　b）工具电极

3）排气孔和冲油孔。由于型腔加工的排气、排屑条件比穿孔加工困难，为防止排气、排屑不畅，影响电火花加工速度、加工稳定性和加工质量，设计工具电极时应在电极上设置适当的排气孔和冲油孔。一般情况下，冲油孔要设计在难以排屑的拐角、窄缝等处，如图 2-17 所示。排气孔要设计在蚀除面积较大的位置（图 2-18）和工具电极端部有凹入的位置。

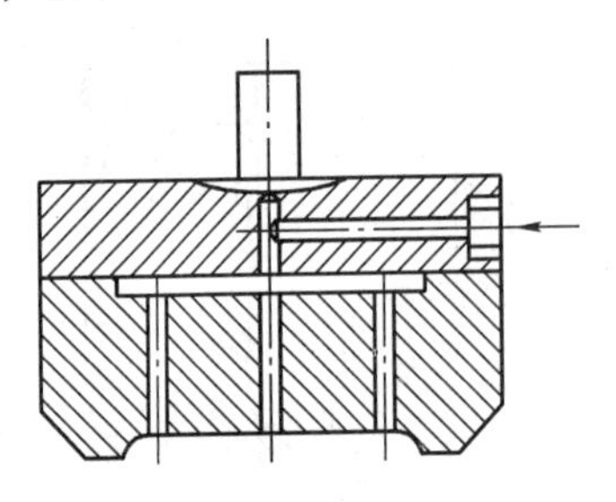

图 2-17　设强迫冲油孔的工具电极

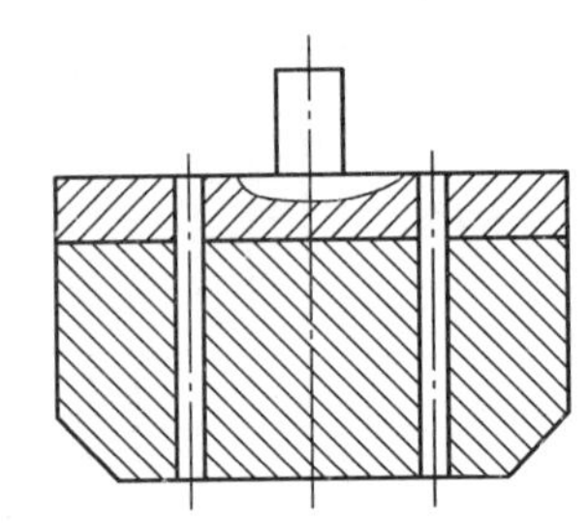

图 2-18　设排气孔的工具电极

冲油孔和排气孔的直径应小于平动偏心量的 2 倍，一般为 1～2mm。直径过大则会在电蚀表面形成凸起，不易清除。各孔间的距离为 20～40mm，以不产生气体和电蚀产物的积存为原则。

5. 电极制造

电极制造应根据电极类型、尺寸大小、电极材料和电极结构的复杂程度等进行考虑。穿孔加工用电极的垂直尺寸一般无严格要求，而水平尺寸要求较高。对这类电极，若适合于切削加工，可用切削加工方法粗加工和精加工。对于纯铜、黄铜一类材料制作的电极，其最后加工可用刨削或由钳工精修来完成，也可采用电火花线切割来制作电极。

（1）电极制造工艺　应根据企业的工艺水平来合理安排电极的制造工艺。安排电极制造工艺时，应充分考虑电极加工精度要求、加工成本等工艺要点。电极制造工艺要点如下。

1）采用数控铣削方法制造电极，在 CAM 编程过程中，应考虑程序中走刀的合理性并进行优化选择。数控程序在很大程度上决定了电极的制造质量，所以应对电极加工的编程予以重视。

2）电极尺寸“宁小勿大”。电极的尺寸公差最好取负值，如果电极制作小了，可以在电火花加工中通过电极摇动方法来补偿修正尺寸，或者在加工后经钳工修配加工部位即可使用；如果电极制作大了，往往会造成工件报废的情况。

3）为电极刻上电极编号、粗精电极标识。这样可以避免电极制造混乱情况的发生，也为电火花加工提供了方便，减少了错误的发生率。

4）电极制造的后处理。电极制造完成后，应对其进行修整、抛光。尤其是用快走丝制造的电极，电极的加工表面会有很多电极丝条纹，只有通过抛光处理才能达到加工要求。

5）电极制造完成以后，应进行全面检查。检查电极的实际尺寸是否在公差允许范围内，复杂形状电极的尺寸检测需要用投影仪、三坐标测量机等测量设备来完成。另外，检查电极的表面粗糙度是否达到要求，电极是否有变形、有无毛刺，电极的形状是否正确等。对电极进行全面检查是电火花加工质量控制的重要环节。

（2）电极制造方法　电极制造方法有很多，主要应根据选用的材料、电极与型腔的精度以及电极的数量来选择。

1）机械切削加工。常见的切削加工有铣、车、平面磨削和圆柱磨削等方法。随着数控技术的发展，目前经常采用数控铣床（加工中心）制造电极。数控铣削不仅能加工精度高、形状复杂的电极，而且速度快。石墨材料加工时容易碎裂、粉末飞扬，所以在加工前需要将石墨放在工作液中浸泡2～3天，这样可以有效减少崩角及粉末飞扬。纯铜材料切削较困难，为了达到较好的表面质量，经常在切削加工后进行研磨抛光加工。

在用混合法穿孔加工冲模的凹模时，为了缩短电极和凸模的制造周期，保证电极与凸模的轮廓一致，通常采用电极与凸模联合成形磨削的方法。用这种方法加工的电极材料大多为铸铁和钢。

当电极材料为铸铁时，电极与凸模常用环氧树脂等材料粘接在一起，如图2-19所示。对于截面积较小的工件，由于不易粘牢，为防止在磨削过程中发生电极或凸模脱落，可采用锡焊或机械方法使电极与凸模连接在一起。当电极材料为钢时，可把凸模加长些，将其作为电极，即把电极和凸模做成一个整体。

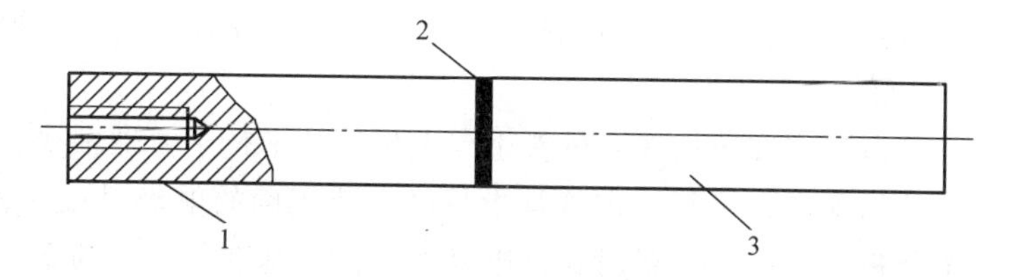

图2-19　电极与凸模粘接

1—电极　2—粘接面　3—凸模

电极与凸模联合成形磨削，其共同截面的公称尺寸应直接按凸模的公称尺寸进行磨削，公差取凸模公差的1/2～2/3。

当凸、凹模的配合间隙等于放电间隙时，磨削后电极的轮廓尺寸与凸模完全相同；当凸、凹模的配合间隙小于放电间隙时，电极的轮廓尺寸应小于凸模的轮廓尺寸，在生产中可用化学腐蚀法将电极尺寸缩小至设计尺寸；当凸、凹模的配合间隙大于放电间隙时，电极的轮廓尺寸应大于凸模的轮廓尺寸，在生产中可用电镀法将电极扩大到设计尺寸。

2）电火花线切割加工。电火花线切割加工也是目前很常用的一种电极加工方法，可用于整个电极的制造，也可用于机械切削制造电极的清角加工。在有特殊需要的场合下可用线切割加工电极，即适用于形状特别复杂、用机械加工方法无法胜任或很难保证精度的情况。

图2-20所示的电极，在用机械加工方法制造时，通常是把电极分成4部分来加工，然后再镶拼成一个整体，如图2-20a所示。由于分块加工中产生的误差及拼合时的接缝间隙和位置精度的影响，会使电极产生一定的形状误差。如果使用线切割加工机床对电极进行加工，则很容易制作出来，并能很好地保证其精度，如图2-20b所示。

3）电铸加工。电铸方法主要用来制作大尺寸电极，特别是在板材冲模领域。使用电铸方法制作出来的电极的放电性能特别好。

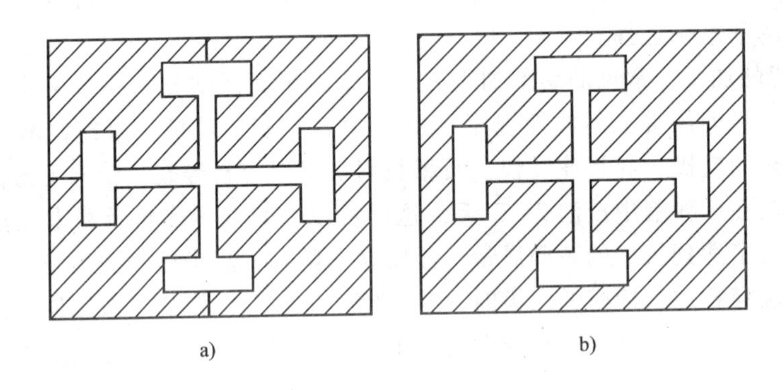

图2-20　机械加工与线切割加工制造电极

a）用机械加工方法加工电极　b）用电火花线切割方法加工电极

用电铸法制造电极，制造精度高，可制作出用机械加工方法难以完成的细微形状的电极。这种电极特别适用于有复杂形状和图案的浅型腔的电火花加工。电铸法制造电极的缺点是加工周期长，成本较高，电极质地比较疏松，用于电火花加工时电极损耗较大。

6. 电极装夹与定位

电极装夹是指将电极安装于机床主轴头上，电极轴线平行于主轴轴线，必要时使电极的横截面基准与机床纵横滑板平行。定位是指将已安装正确的电极对准工件的加工位置，主要依靠机床纵横滑板来实现，必要时保证电极的横截面基准与机床的 X、Y 轴平行。

（1）电极装夹　在安装电极时，一般使用通用夹具或专用夹具直接将电极装夹在机床主轴的下端。由于在实际加工中碰到的电极形状各不相同，加工要求也不一样，因此安装电极时电极的装夹方法和电极的夹具也不相同。下面介绍常用的电极夹具。

1）小型的整体式电极多数采用通用夹具直接装夹在机床主轴下端，采用标准套筒、钻夹头装夹，如图2-21和图2-22所示。

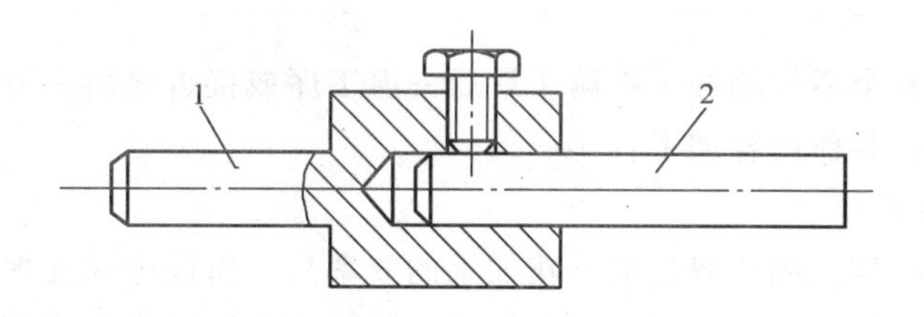

图 2-21　标准套筒夹具

1—标准套筒　2—电极

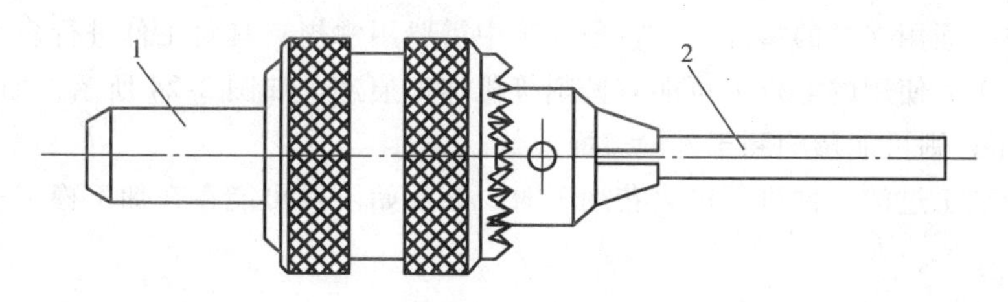

图 2-22　钻夹头夹具

1—钻夹头　2—电极

2）对于尺寸较大的电极，常将电极通过螺纹连接直接装夹在夹具上，如图 2-23 所示。

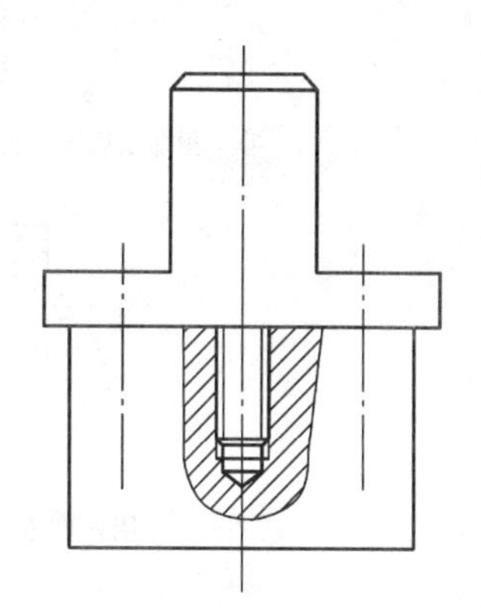

图 2-23　螺纹夹头夹具

电极装夹时应注意以下几点。

1）电极与夹具的接触面应保持清洁，并保证滑动部位灵活。

2）将电极紧固时要注意电极的变形，尤其对于小型电极，应防止其弯曲，螺钉的松紧应以牢固为准，不能用力过大或过小。

3）电极装夹前，还应该根据被加工零件的图样检查电极的位置、角度以及电极柄与电极是否影响加工。

4）若电极体积较大，应考虑电极夹具的强度和位置，防止在加工过程中，由于安装不牢固或冲油反作用力造成电极移动，从而影响加工精度。

（2）电极的定位　在电火花加工中，电极与加工工件之间相对定位的准确程度直接决定加工的精度。做好电极的精确定位主要有三方面内容：电极的装夹与找正、工件的装夹与找正、电极相对于工件的定位。

电极相对于工件的定位是指将已安装找正好的电极对准工件上的加工位置，以保证加工的孔或型腔在凹模上的位置精度。习惯上将电极相对于工件的定位过程称为找正。电极找正与其他数控机床的定位方法大致相似，读者可以借鉴参考。

六	电火花加工工件的准备分析

电火花加工在整个零件的加工中属于最后一道工序或接近最后一道工序，所以在加工前应认真准备工件，具体内容如下：

1. 工件的预加工

一般来说，机械切削的效率比电火花加工的效率高。所以电火花加工前，尽可能用机械加工的方法去除大部分加工余料，即预加工。预加工可以节省电火花粗加工时间，提高总的生产效率，但预加工时要注意以下几点。

1）所留余量要合适，尽量做到余量均匀，否则会影响型腔表面粗糙度和导致电极不均匀的损耗，破坏型腔的仿形精度。

2）对一些形状复杂的型腔，预加工比较困难，可直接进行电火花加工。

3）在缺少通用夹具的情况下，在预加工中需要用常规夹具对工件进行多次装夹。

4）预加工后使用的电极上可能有铣削等机加工痕迹，如图 2-24 所示，如果用这种电极进行精加工，则可能影响到工件的表面质量。

5）对预加工过的工件进行电火花加工时，在起始阶段可能存在加工稳定性问题。

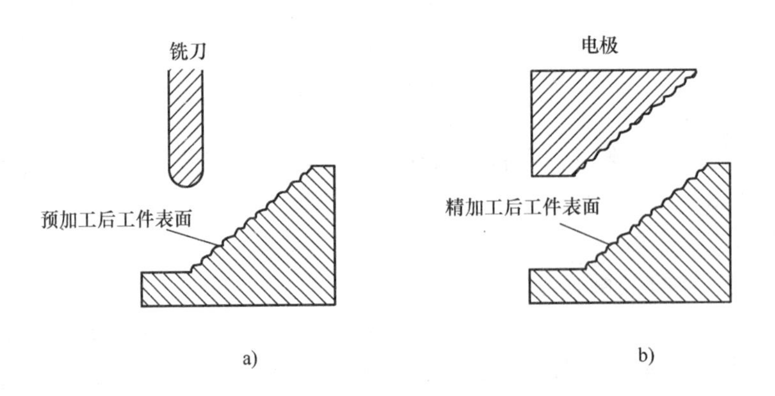

图 2-24　预加工后工件表面

a）用铣削方法对工件进行预加工　b）用电火花加工方法对工件进行精加工

2. 工件的热处理

工件在预加工后，便可以进行淬火、回火等热处理，即热处理工序尽量安排在电火花加工前面，因为这样可避免热处理变形对电火花加工尺寸精度、型腔形状等的影响。

热处理安排在电火花加工前也有其缺点，如电火花加工将淬火表层加工掉一部分，影响了热处理的质量和效果。所以有些型腔模安排在热处理前进行电火花加工，这样型腔加工后钳工抛光容易，并且淬火时的淬透性也较好。

3. 其他工序

工件在电火花加工前还必须除锈去磁，否则在加工中工件吸附铁屑，很容易引起拉弧烧伤。

七	电火花加工工艺指标的确定分析

电火花加工中的工艺指标包括加工精度、表面粗糙度、加工速度及电极损耗等，影响因素有电参数和非电参数。电参数主要有脉冲宽度、脉冲间隔、峰值电压、峰值电流、加工极性等；非电参数主要有压力、流量、抬刀高度、抬刀频率、平动方式和平动量等。这些参数相互影响，关系复杂。

1. 电火花加工精度

电火花加工和其他机械加工一样，机床本身的各种误差以及工件和工具电极的定位、安装误差都会影响到加工精度，但就加工工艺相关的因素而言，主要是放电间隙的大小及其一致性、工具电极的损耗及其稳定性两个因素。

（1）放电间隙的大小及其一致性　电火花加工时，工具电极与工件之间存在着一定的放电间隙，如果加工过程中放电间隙能保持不变，则可以通过修正工具电极的尺寸对放电间隙进行补偿，以获得较高的加工精度。然而，放电间隙的大小实际上是变化的，影响着加工精度。除了间隙能否保持一致外，间隙大小对加工精度也有影响，尤其对于复杂形状的加工表面，棱角部位电场强度分布不均匀，间隙越大，影响越严重。因此，为了减少加工误差，应该采用较小的加工规准，缩小放电间隙，这样不但能提高仿形精度，而且放电间隙越小，可能产生的间隙变化量越小。另外，还必须尽可能使加工稳定。电参数对放电间隙的影响是非常显著的，精加工放电间隙一般只有0.01mm（单面），而在粗加工时可达0.5mm以上。

（2）工具电极的损耗及其稳定性　工具电极的损耗对尺寸精度和形状精度都有影响。电火花穿孔加工时，电极可以贯穿型孔而补偿电极的损耗，但是型腔加工则无法采用这种方法。精密型腔加工时可以采用更换工具电极的方法。稳定性主要是指可预期的损耗和非预期的变形。

（3）二次放电的影响　二次放电是指已加工表面上由于电蚀产物（导电的炭黑和金属小屑）等的介入而进行再次的非正常放电，集中反映在加工深度方向产生斜度和加工棱角、棱边变钝等方面。

产生斜度的情况如图2-25a所示，由于工具电极下端部加工时间长，绝对损耗大，而工具电极入口处的放电间隙则由于电蚀产物的存在，随二次放电的概率增大而扩大，因而产生了加工斜度，俗称喇叭口。

电火花加工时，工具电极的尖角或凹角很难精确地复制在工件上，这是因为当工具电极为凹角时，工件上对应的尖角处放电蚀除的概率大，容易遭受腐蚀而成为圆角，如图2-25b所示。

电火花加工零件的表面粗糙度是指被加工表面上的微观几何形状误差，即波峰与波峰或者波谷与波谷的距离（称为波距），一般小于1mm，并呈周期性变化的几何形状误差。

电火花加工的表面和机械加工的表面不同，它是由无方向性的无数小坑和硬凸边所组成的，特别有利于保存润滑油；而机械加工的表面则存在着切削或磨削痕迹，具有方向性。两者相比，在相同的表面粗糙度和有润滑油的情况下，电火花加工的表面润滑性能和耐磨损性能均比机械加工的表面好。

工件的材料对加工表面粗糙度也有影响，熔点高的材料（如硬质合金），在相同能量下加工后表面粗糙度要比熔点低的材料（如钢）好。精加工时，工具电极的表面粗糙度也

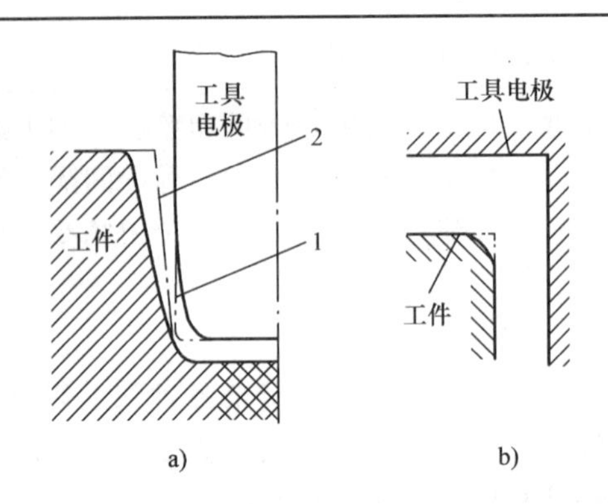

图 2-25　电火花加工在垂直方向和水平方向的损耗

a）电火花加工的斜度　b）电火花加工工件尖角变圆

1—无损耗时工具电极的轮廓线　2—工具电极有损耗而不考虑二次放电时的工件轮廓线

会影响加工后的表面粗糙度。由于石墨电极很难加工出非常光滑的表面，因此用石墨电极加工的表面粗糙度较差。

2. 电火花加工速度

电火花加工时，工具和工件均会受到不同程度的电蚀，单位时间内工件的电蚀量称为加工速度，亦即生产率。

加工速度一般采用体积加工速度 v_s（mm^3/min）来表示，即被加工掉的工件体积 $V_{工件}$ 除以加工时间 t，常用公式 $v_s = V_{工件}/t$ 来表示。有时为了测量方便，也采用质量加工速度 v_m 来表示，即被加工掉的工件质量 m 除以加工时间，常用公式 $v_m = m_{工件}/t$ 来表示，单位为 g/min。

通常情况下，电火花成形加工的加工速度要求为：粗加工（加工表面粗糙度 *Ra* 值为 10 ~ 20μm）时可达 200 ~ 1000mm^3/min；半精加工（*Ra*2.5 ~ 10μm）时降低到 20 ~ 100mm^3/min；精加工（*Ra*0.32 ~ 2.5μm）时一般都在 10mm^3/min 以下。随着表面粗糙度值的减小，加工速度显著下降。

3. 电极损耗

电火花加工过程中，工具电极和工件之间火花放电产生的瞬时高温使工具电极和工件的表面被腐蚀，从而产生电极损耗的现象。

工具电极损耗分为绝对损耗和相对损耗。绝对损耗最常用的衡量方式是体积损耗 V_e 和长度损耗 V_{eh}。体积损耗和长度损耗分别表示在单位时间内，工具电极被蚀除的体积和长度，即 $V_e = V_{工具}/t$，$V_{eh} = H_{工具}/t$。相对损耗是工具电极绝对损耗与工件加工速度的百分比。通常采用长度相对损耗比较直观，测量也比较方便。

在电火花加工过程中，为了防止电极的过多损耗，一般要注意以下要点。

1）如果用石墨电极进行粗加工，石墨电极损耗一般在 1% 以下。

2）用石墨电极采用粗、半精加工规准加工得到的零件的最小表面粗糙度 *Ra* 值能达到 3.2μm，但通常只能在 *Ra*6.3μm 左右。

3）若用石墨电极且加工零件的表面粗糙度 *Ra* 值小于 3.2μm，则石墨电极损耗为 15% ~50%。

4）不管是粗加工还是精加工，电极角部损耗比上述还要大。粗加工时，电极表面会产生缺陷。

5）纯铜电极粗加工的电极损耗量也可以低于 1%，但加工电流超过 30A 后，电极表面会产生起皱和开裂现象。

6）在一般情况下用纯铜作为电极时，采用低损耗加工规准进行加工，零件的表面粗糙度 Ra 值可以达到 3.2μm 左右。

7）纯铜电极的角部损耗比石墨电极更大。

2.1.3 计划

根据任务内容制订小组任务计划，简要说明任务实施过程的步骤及注意事项。填写方孔冲模的电火花加工计划单（表 2-4）。

表 2-4 方孔冲模的电火花加工计划单

学习领域	电火花加工技术			
学习情境 2	电火花穿孔成形加工		学时	20 学时
任务 2.1	方孔冲模的电火花加工		学时	6 学时
计划方式	小组讨论			
序号	实施步骤		使用资源	
制订计划说明				
计划评价	评语：			
班级		第　组	组长签字	
教师签字			日期	

2.1.4 决策

各小组之间讨论工作计划的合理性和可行性，进行计划方案讨论，选定合适的工作计划，进行决策，填写方孔冲模的电火花加工决策单（表2-5）。

表2-5 方孔冲模的电火花加工决策单

<table>
<tr><td>学习领域</td><td colspan="7">电火花加工技术</td></tr>
<tr><td>学习情境2</td><td colspan="5">电火花穿孔成形加工</td><td>学时</td><td>20学时</td></tr>
<tr><td>任务2.1</td><td colspan="5">方孔冲模的电火花加工</td><td>学时</td><td>6学时</td></tr>
<tr><td colspan="6">方案讨论</td><td>组号</td><td></td></tr>
<tr><td rowspan="16">方案决策</td><td>组别</td><td>步骤
顺序性</td><td>步骤
合理性</td><td>实施可
操作性</td><td>选用工具
合理性</td><td colspan="2">原因说明</td></tr>
<tr><td>1</td><td></td><td></td><td></td><td></td><td colspan="2"></td></tr>
<tr><td>2</td><td></td><td></td><td></td><td></td><td colspan="2"></td></tr>
<tr><td>3</td><td></td><td></td><td></td><td></td><td colspan="2"></td></tr>
<tr><td>4</td><td></td><td></td><td></td><td></td><td colspan="2"></td></tr>
<tr><td>5</td><td></td><td></td><td></td><td></td><td colspan="2"></td></tr>
<tr><td>1</td><td></td><td></td><td></td><td></td><td colspan="2"></td></tr>
<tr><td>2</td><td></td><td></td><td></td><td></td><td colspan="2"></td></tr>
<tr><td>3</td><td></td><td></td><td></td><td></td><td colspan="2"></td></tr>
<tr><td>4</td><td></td><td></td><td></td><td></td><td colspan="2"></td></tr>
<tr><td>5</td><td></td><td></td><td></td><td></td><td colspan="2"></td></tr>
<tr><td>1</td><td></td><td></td><td></td><td></td><td colspan="2"></td></tr>
<tr><td>2</td><td></td><td></td><td></td><td></td><td colspan="2"></td></tr>
<tr><td>3</td><td></td><td></td><td></td><td></td><td colspan="2"></td></tr>
<tr><td>4</td><td></td><td></td><td></td><td></td><td colspan="2"></td></tr>
<tr><td>5</td><td></td><td></td><td></td><td></td><td colspan="2"></td></tr>
<tr><td>方案评价</td><td colspan="7">评语：（根据组内的决策，对照计划进行修改并说明修改原因）</td></tr>
<tr><td>班级</td><td></td><td>组长签字</td><td></td><td>教师签字</td><td></td><td colspan="2">月　　日</td></tr>
</table>

2.1.5 实施

1. 实施准备

任务实施准备主要有场地准备、教学仪器（工具）准备、资料准备，见表2-6。

表2-6 方孔冲模的电火花加工实施准备

学习情境2	电火花穿孔成形加工	学时	20学时
任务2.1	方孔冲模的电火花加工	学时	6学时
重点、难点	电火花加工工具电极分析		
场地准备	特种加工实训室（多媒体）		
资料准备	1. 汤家荣. 模具特种加工技术. 北京：北京理工大学出版社，2010。 2. 杨武成. 特种加工. 西安：西安电子科技大学出版社，2009。 3. 刘晋春，等. 特种加工. 北京：机械工业出版社，2007。 4. 数控电火花成形机床使用说明书。 5. 数控电火花成形机床安全技术操作规程。		
教学仪器（工具）准备	数控电火花成形机床		
教学组织实施			
实施步骤	组织实施内容	教学方法	学时
1			
2			
3			
4			
5			

2. 实施任务

依据计划步骤实施任务，并完成作业单的填写。方孔冲模的电火花加工作业单见表2-7。

表2-7 方孔冲模的电火花加工作业单

学习领域	电火花加工技术		
学习情境2	电火花穿孔成形加工	学时	20学时
任务2.1	方孔冲模的电火花加工	学时	6学时
作业方式	小组分析、个人解答、现场批阅，集体评判		
	如何使用电火花成形机床进行方孔冲模的加工？		

作业解答：

作业评价：

班级		组别		组长签字	
学号		姓名		教师签字	
教师评分		日期			

2.1.6 检查评价

学生完成本学习任务后，应展示的结果有完成的计划单、决策单、作业单、检查单、评价单。

1. 方孔冲模的电火花加工检查单（表2-8）。

表2-8 方孔冲模的电火花加工检查单

<table>
<tr><td>学习领域</td><td colspan="6">电火花加工技术</td></tr>
<tr><td>学习情境2</td><td colspan="4">电火花穿孔成形加工</td><td>学时</td><td>20学时</td></tr>
<tr><td>任务2.1</td><td colspan="4">方孔冲模的电火花加工</td><td>学时</td><td>6学时</td></tr>
<tr><td>序号</td><td colspan="2">检查项目</td><td colspan="2">检查标准</td><td>学生自查</td><td>教师检查</td></tr>
<tr><td>1</td><td colspan="2">任务书阅读与分析能力，正确理解及描述目标要求</td><td colspan="2">准确理解任务要求</td><td></td><td></td></tr>
<tr><td>2</td><td colspan="2">与同组同学协商，确定人员分工</td><td colspan="2">较强的团队协作能力</td><td></td><td></td></tr>
<tr><td>3</td><td colspan="2">查阅资料能力，市场调研能力</td><td colspan="2">较强的资料检索能力和市场调研能力</td><td></td><td></td></tr>
<tr><td>4</td><td colspan="2">资料的阅读、分析和归纳能力</td><td colspan="2">较强的分析报告撰写能力</td><td></td><td></td></tr>
<tr><td>5</td><td colspan="2">检查方孔冲模的电火花加工</td><td colspan="2">加工工艺是否合理</td><td></td><td></td></tr>
<tr><td>6</td><td colspan="2">安全生产与环保</td><td colspan="2">符合“5S”要求</td><td></td><td></td></tr>
<tr><td>检查评价</td><td colspan="6">评语：</td></tr>
<tr><td>班级</td><td></td><td>组别</td><td></td><td>组长签字</td><td colspan="2"></td></tr>
<tr><td>教师签字</td><td colspan="3"></td><td>日期</td><td colspan="2"></td></tr>
</table>

2. 方孔冲模的电火花加工评价单（表 2-9）。

表 2-9　方孔冲模的电火花加工评价单

<table>
<tr><td colspan="2">学习领域</td><td colspan="4">电火花加工技术</td></tr>
<tr><td colspan="2">学习情境 2</td><td colspan="2">电火花穿孔成形加工</td><td>学时</td><td>20 学时</td></tr>
<tr><td colspan="2">任务 2.1</td><td colspan="2">方孔冲模的电火花加工</td><td>学时</td><td>6 学时</td></tr>
<tr><td>评价类别</td><td>评价项目</td><td>子项目</td><td>个人评价</td><td>组内互评</td><td>教师评价</td></tr>
<tr><td rowspan="13">专业能力（60%）</td><td rowspan="2">资讯（8%）</td><td>搜集信息（4%）</td><td></td><td></td><td></td></tr>
<tr><td>引导问题回答（4%）</td><td></td><td></td><td></td></tr>
<tr><td>计划（5%）</td><td>计划可执行度（5%）</td><td></td><td></td><td></td></tr>
<tr><td rowspan="5">实施（12%）</td><td>工作步骤执行（3%）</td><td></td><td></td><td></td></tr>
<tr><td>功能实现（3%）</td><td></td><td></td><td></td></tr>
<tr><td>质量管理（2%）</td><td></td><td></td><td></td></tr>
<tr><td>安全保护（2%）</td><td></td><td></td><td></td></tr>
<tr><td>环境保护（2%）</td><td></td><td></td><td></td></tr>
<tr><td rowspan="2">检查（10%）</td><td>全面性、准确性（5%）</td><td></td><td></td><td></td></tr>
<tr><td>异常情况排除（5%）</td><td></td><td></td><td></td></tr>
<tr><td rowspan="2">过程（15%）</td><td>使用工具规范性（7%）</td><td></td><td></td><td></td></tr>
<tr><td>操作过程规范性（8%）</td><td></td><td></td><td></td></tr>
<tr><td>结果（5%）</td><td>结果质量（5%）</td><td></td><td></td><td></td></tr>
<tr><td></td><td>作业（5%）</td><td>作业质量（5%）</td><td></td><td></td><td></td></tr>
<tr><td rowspan="2">社会能力（20%）</td><td>团结协作（10%）</td><td rowspan="2"></td><td rowspan="2"></td><td rowspan="2"></td><td rowspan="2"></td></tr>
<tr><td>敬业精神（10%）</td></tr>
<tr><td rowspan="2">方法能力（20%）</td><td>计划能力（10%）</td><td rowspan="2"></td><td rowspan="2"></td><td rowspan="2"></td><td rowspan="2"></td></tr>
<tr><td>决策能力（10%）</td></tr>
<tr><td>评价评语</td><td colspan="5">评语：</td></tr>
<tr><td>班级</td><td></td><td>组别</td><td></td><td>学号</td><td></td><td>总评</td><td></td></tr>
<tr><td>教师签字</td><td></td><td>组长签字</td><td></td><td>日期</td><td></td></tr>
</table>

2.1.7 实践中常见问题解析

1. 电蚀产物的排出

如果电火花加工中电蚀产物不能及时排出，则会对加工产生巨大的影响。电蚀产物的排出虽然是加工中出现的问题，但为了较好地排出电蚀产物，其准备工作必须在加工前做好。通常采用的方法如下。

（1）工具电极冲油　电极上开小孔，并强迫冲油是型腔电火花加工最常用的方法之一。冲油小孔直径一般为0.5~2mm，可以根据需要开一个或几个小孔，如图2-26所示。

（2）工件冲油　工件冲油是穿孔电火花加工最常用的方法之一。由于穿孔加工大多在工件上开有预留孔，因而具有冲油的条件。型腔加工时如果允许工件加工部位开孔，也可采用此法，如图2-27所示。

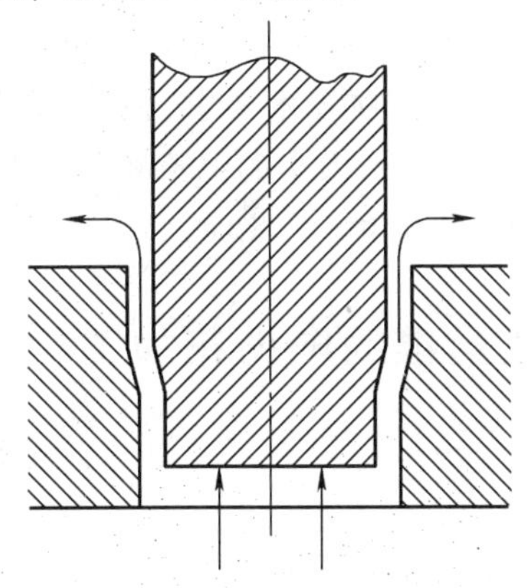

图2-26　工具电极冲油示意图

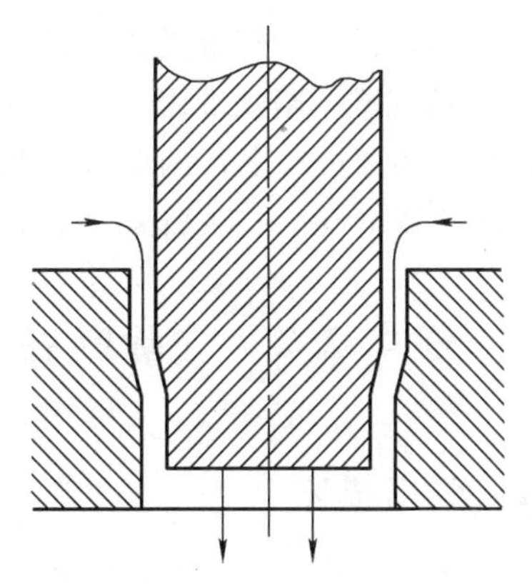

图2-27　工件冲油示意图

（3）工件抽油　工件抽油常用于穿孔加工。由于加工的蚀除物不经过加工区，因而加工斜度很小。抽油时要使放电时产生的气体（大多是易燃气体）及时排放，不能积聚在加工区，否则会引起“放炮”。“放炮”是严重的事故，轻则使工件移位，重则使工件炸裂，使机床主轴头受到严重损伤。通常在安放工件的油杯上采取措施，将抽油的部位尽量接近加工位置，将产生的气体及时抽走。工件抽油的排屑效果不如冲油好，如图2-28所示。

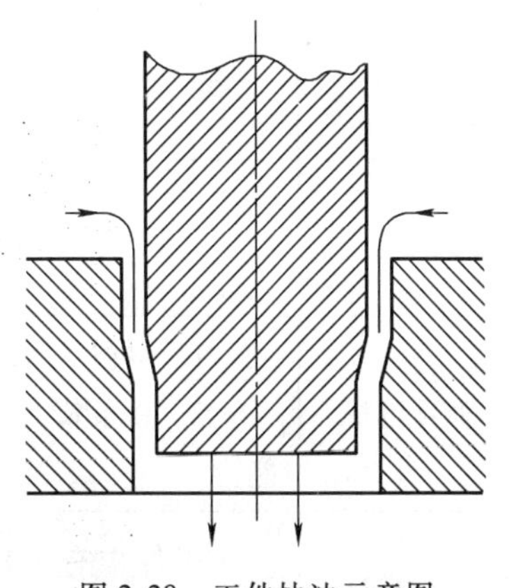

图2-28　工件抽油示意图

（4）开排气孔　大型型腔加工时经常在工具电极上开排气孔。该方法工艺简单，虽然排屑效果不如冲油，但对工具电极损耗影响较小。开排气孔在粗加工时比较有效，精加工时需采用其他排屑办法。

（5）抬刀　工具电极在加工中边加工边抬刀是最常用的排屑方法之一。通过抬刀，工具电极与工件的间隙加大，液体流动加快，有助于电蚀产物的快速排出。

抬刀有两种情况：一种是定时的周期抬刀，目前绝大部分电火花机床具备此功能；另一种是自适应抬刀，即根据加工的状态自动调节进给的时间和抬起的时间（即抬起高度），使加工一直处于正常状态。自适应抬刀与自适应冲油一样，在加工出现不正常时才抬刀，正常加工时则不抬刀。显然，自适应抬刀对提高加工效率有益，减少了不必要的抬刀。

2. 电规准内容引导

电规准是指电火花加工过程中的一组电参数，如极性、电压、电流、脉冲宽度和脉冲间隔等。电规准选择正确与否，将直接影响模具加工工艺指标。应根据工件的要求、工具电极和工件的材料、加工工艺指标和经济效果等因素来确定电规准，并在加工过程中及时转换。在生产中主要通过工艺试验确定电规准。通常要用多个规准才能完成凹模型孔加工的全过程。电规准分为粗、中、精三种。从一个规准调整到另一个规准称为电规准的转换。电规准的选择主要事项如下。

（1）粗规准　粗规准主要用于粗加工。粗规准生产率高、工具电极损耗小。被加工表面的表面粗糙度 Ra 值大于 12.5μm。粗规准采用较大的电流峰值，较长的脉冲宽度（t_i = 20～60μs）。

（2）中规准　中规准是粗、精加工间过渡性加工所采用的电规准。

（3）精规准　精规准用来进行精加工，要求在保证冲模各项技术要求（如配合间隙、表面粗糙度和刃口斜度）的前提下尽可能提高生产率。精规准采用小的电流峰值、高频率和短的脉冲宽度（t_i = 2～6μs）。被加工表面粗糙度 Ra 值可达 1.6～0.8μm。

任务 2.2　去除断在工件中的钻头或丝锥的电火花加工

2.2.1　任务描述

去除断在工件中的钻头或丝锥的电火花加工任务单见表 2-10。

表 2-10　去除断在工件中的钻头或丝锥的电火花加工任务单

学习领域	电火花加工技术		
学习情境 2	电火花穿孔成形加工	学时	20 学时
任务 2.2	去除断在工件中的钻头或丝锥的电火花加工	学时	7 学时
布置任务			
学习目标	1. 掌握去除断在工件中的钻头或丝锥的电火花加工方法。 2. 具备操作数控电火花成形机床来去除断在工件中的钻头或丝锥的能力。		
任务描述	工件中有一根 $M8$ 的断丝锥，断入工件的长度为 10mm，用电火花成形机床进行放电加工，去除断在工件中的丝锥。		
任务分析	钻削小孔和用小丝锥攻螺纹时，由于刀具硬且脆，刀具的抗弯、抗扭强度较低，因而会发生刀具折断在加工孔中的现象。为了避免工件报废，可采取电火花加工方法去除断在工件中的钻头或丝锥。		

学时安排	资讯	计划	决策	实施	检查评价
	1 学时	0.5 学时	0.5 学时	4 学时	1 学时
提供资料	1. 汤家荣. 模具特种加工技术. 北京：北京理工大学出版社，2010。 2. 杨武成. 特种加工. 西安：西安电子科技大学出版社，2009。 3. 张若锋，邓健平. 数控加工实训. 北京：机械工业出版社，2011。 4. 周晓宏. 数控加工工艺与设备. 北京：机械工业出版社，2011。 5. 周湛学，刘玉忠. 数控电火花加工及实例详解. 北京：化学工业出版社，2013。 6. 刘晋春，等. 特种加工. 北京：机械工业出版社，2007。 7. 廖慧勇. 数控加工实训教程. 成都：西南交通大学出版社，2007。 8. 刘虹. 数控加工编程及操作. 北京：机械工业出版社，2011。 9. 陈江进，雷黎明. 数控加工编程与操作. 北京：国防工业出版社，2012。					
对学生的要求	1. 能够对任务书进行分析，能正确理解和描述目标要求。 2. 具有独立思考、善于提问的学习习惯。 3. 具有查询资料和市场调研能力，具备严谨求实和开拓创新的学习态度。 4. 能够执行企业“5S”质量管理体系要求，具备良好的职业意识和社会能力。 5. 具备一定的观察理解和判断分析能力。 6. 具有团队协作、爱岗敬业的精神。 7. 具有一定的创新思维和勇于创新的精神。					

2.2.2 资讯

1. 去除断在工件中的钻头或丝锥的电火花加工资讯单（表 2-11）

表 2-11 去除断在工件中的钻头或丝锥的电火花加工资讯单

学习领域	电火花加工技术		
学习情境 2	电火花穿孔成形加工	学时	20 学时
任务 2.2	去除断在工件中的钻头或丝锥的电火花加工	学时	7 学时
资讯方式	实物、参考资料		
资讯问题	1. 工具电极如何设计？ 2. 工件如何装夹与定位？		
资讯引导	1. 问题 1 参阅信息单、杨武成主编的《特种加工》相关内容。 2. 问题 2 参阅信息单和张若锋、邓健平主编的《数控加工实训》相关内容。		

2. 去除断在工件中的钻头或丝锥的电火花加工信息单（表 2-12）

表 2-12　去除断在工件中的钻头或丝锥的电火花加工信息单

学习领域	电火花加工技术		
学习情境 2	电火花穿孔成形加工	学时	20 学时
任务 2.2	去除断在工件中的钻头或丝锥的电火花加工	学时	7 学时
序号	信息内容		
一	工具电极的设计与制作		

1. 选择合适的工具电极材料

一般可选择纯铜作为工具电极。这是因为纯铜电极的导电性能好，电极损耗小，机械加工也比较容易，电火花加工的稳定性好。

2. 设计或选用工具电极

工具电极的尺寸应根据钻头或丝锥的尺寸来确定。工具电极的直径略小于要去除钻头或丝锥的直径。一般可以根据表 2-12-1 来选择电极的直径。

表 2-12-1　根据丝锥或钻头直径选取工具电极直径

工具电极直径/mm	$\phi1 \sim \phi1.5$	$\phi1.5 \sim \phi2$	$\phi2 \sim \phi3$	$\phi3 \sim \phi4$	$\phi3.5 \sim \phi4.5$	$\phi4 \sim \phi6$	$\phi6 \sim \phi8$
丝锥规格	*M*2	*M*3	*M*4	*M*5	*M*6	*M*7	*M*8
钻头直径/mm	$\phi2$	$\phi3$	$\phi4$	$\phi5$	$\phi6$	$\phi7$	$\phi8$

3. 工具电极的制作

工具电极为圆柱形，可在车床上一次加工成形，通常制作成阶梯轴，装夹大端，有利于提高工具电极的强度，如图 2-29 所示。

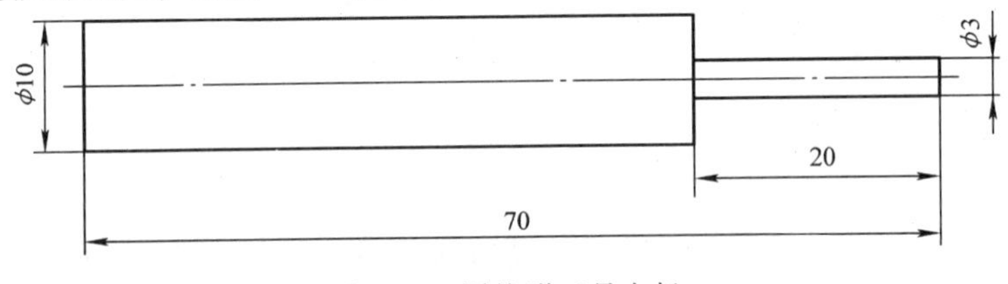

图 2-29　圆柱形工具电极

二	电火花加工

1. 工具电极的装夹与找正

工具电极可用钻夹头固定在主轴夹具上，先用精密直角尺找正工具电极对工作台 *X* 轴和 *Y* 轴方向垂直，然后用百分表再次找正。必要时可用观察电火花的方法找正。另外，工具电极比较细，容易弯曲，可利用圆柱形台阶找正。

2. 工件的装夹与定位

工件可用压板固定在工作台上，也可用磁性吸盘吸附，用百分表对工件找正。

3. 选择电规准

因加工对象的加工精度和表面粗糙度要求比较低，所以可选择加工速度快和工具电极损耗小的粗规准一次加工完成。但加工小孔时，工具电极的电流密度会比较大，所以加工电流将受到加工面积的限制，可选择小电流和大脉冲宽度加工。峰值电流为5~10A，脉冲宽度为100~200μs，脉冲间隔为40~50μs。

4. 放电加工

开启机床电源，先按下电气控制柜上的“自动对刀”键，使主轴缓慢下降，完成工具电极的对刀，将工件的上表面设定为加工深度方向零点位置；再根据断在工件中的钻头或丝锥长度来确定加工深度值；然后开启工作液泵，向工作液槽内加注工作液，工作液应高出工件30~50mm，并保证工作液循环流动；最后，按下“放电加工”键，实现放电加工。待加工完成后，放掉工作液，取下工具电极和工件，清理机床工作台，完成加工。

2.2.3 计划

根据任务内容制订小组任务计划，简要说明任务实施过程的步骤及注意事项。填写去除断在工件中的钻头或丝锥的电火花加工计划单（表2-13）。

表2-13 去除断在工件中的钻头或丝锥的电火花加工计划单

学习领域	电火花加工技术			
学习情境2	电火花穿孔成形加工		学时	20学时
任务2.2	去除断在工件中的钻头或丝锥的电火花加工		学时	7学时
计划方式	小组讨论			
序号	实施步骤		使用资源	
制订计划说明				
计划评价	评语：			
班级		第　　组	组长签字	
教师签字			日期	

2.2.4 决策

各小组之间讨论工作计划的合理性和可行性，进行计划方案讨论，选定合适的工作计划，进行决策，填写去除断在工件中的钻头或丝锥的电火花加工决策单（表 2-14）。

表 2-14 去除断在工件中的钻头或丝锥的电火花加工决策单

<table>
<tr><td>学习领域</td><td colspan="7">电火花加工技术</td></tr>
<tr><td>学习情境 2</td><td colspan="5">电火花穿孔成形加工</td><td>学时</td><td>20 学时</td></tr>
<tr><td>任务 2.2</td><td colspan="5">去除断在工件中的钻头或丝锥的电火花加工</td><td>学时</td><td>7 学时</td></tr>
<tr><td colspan="6">方案讨论</td><td>组号</td><td></td></tr>
<tr><td rowspan="16">方案决策</td><td>组别</td><td>步骤
顺序性</td><td>步骤
合理性</td><td>实施可
操作性</td><td>选用工具
合理性</td><td colspan="2">原因说明</td></tr>
<tr><td>1</td><td></td><td></td><td></td><td></td><td colspan="2"></td></tr>
<tr><td>2</td><td></td><td></td><td></td><td></td><td colspan="2"></td></tr>
<tr><td>3</td><td></td><td></td><td></td><td></td><td colspan="2"></td></tr>
<tr><td>4</td><td></td><td></td><td></td><td></td><td colspan="2"></td></tr>
<tr><td>5</td><td></td><td></td><td></td><td></td><td colspan="2"></td></tr>
<tr><td>1</td><td></td><td></td><td></td><td></td><td colspan="2"></td></tr>
<tr><td>2</td><td></td><td></td><td></td><td></td><td colspan="2"></td></tr>
<tr><td>3</td><td></td><td></td><td></td><td></td><td colspan="2"></td></tr>
<tr><td>4</td><td></td><td></td><td></td><td></td><td colspan="2"></td></tr>
<tr><td>5</td><td></td><td></td><td></td><td></td><td colspan="2"></td></tr>
<tr><td>1</td><td></td><td></td><td></td><td></td><td colspan="2"></td></tr>
<tr><td>2</td><td></td><td></td><td></td><td></td><td colspan="2"></td></tr>
<tr><td>3</td><td></td><td></td><td></td><td></td><td colspan="2"></td></tr>
<tr><td>4</td><td></td><td></td><td></td><td></td><td colspan="2"></td></tr>
<tr><td>5</td><td></td><td></td><td></td><td></td><td colspan="2"></td></tr>
<tr><td>方案评价</td><td colspan="7">评语：（根据组内的决策，对照计划进行修改并说明修改原因）</td></tr>
<tr><td>班级</td><td></td><td>组长签字</td><td></td><td>教师签字</td><td></td><td colspan="2">月　　日</td></tr>
</table>

2.2.5 实施

1. 实施准备

任务实施准备主要有场地准备、教学仪器（工具）准备、资料准备，见表2-15。

表2-15 去除断在工件中的钻头或丝锥的电火花加工准备

学习情境2	电火花穿孔成形加工		学时	20学时
任务2.2	去除断在工件中的钻头或丝锥的电火花加工		学时	7学时
重点、难点	工件中的钻头或丝锥的电火花加工			
场地准备	特种加工实训室（多媒体）			
资料准备	1. 杨武成. 特种加工. 西安：西安电子科技大学出版社，2009。 2. 张若锋，邓健平. 数控加工实训. 北京：机械工业出版社，2011。 3. 数控电火花成形机床使用说明书。 4. 数控电火花成形机床安全技术操作规程。			
教学仪器（工具）准备	数控电火花成形机床			
教学组织实施				
实施步骤	组织实施内容	教学方法	学时	
1				
2				
3				
4				
5				

2. 实施任务

依据计划步骤实施任务，并完成作业单的填写。去除断在工件中的钻头或丝锥的电火花加工作业单见表2-16。

表2-16 去除断在工件中的钻头或丝锥的电火花加工作业单

学习领域	电火花加工技术		
学习情境2	电火花穿孔成形加工	学时	20学时
任务2.2	去除断在工件中的钻头或丝锥的电火花加工	学时	7学时
作业方式	小组分析、个人解答，现场批阅，集体评判		
	如何采用电火花机床进行去除断在工件中的钻头或丝锥的加工？		

作业解答：

作业评价：

班级		组别		组长签字	
学号		姓名		教师签字	
教师评分		日期			

2.2.6 检查评价

学生完成本学习任务后，应展示的结果有完成的计划单、决策单、作业单、检查单、评价单。

1. 去除断在工件中的钻头或丝锥的电火花加工检查单（表2-17）。

表2-17 去除断在工件中的钻头或丝锥的电火花加工检查单

<table>
<tr><td>学习领域</td><td colspan="5">电火花加工技术</td></tr>
<tr><td>学习情境2</td><td colspan="3">电火花穿孔成形加工</td><td>学时</td><td>20学时</td></tr>
<tr><td>任务2.2</td><td colspan="3">去除断在工件中的钻头或丝锥的电火花加工</td><td>学时</td><td>7学时</td></tr>
<tr><td>序号</td><td colspan="2">检查项目</td><td>检查标准</td><td>学生自查</td><td>教师检查</td></tr>
<tr><td>1</td><td colspan="2">任务书阅读与分析能力，正确理解及描述目标要求</td><td>准确理解任务要求</td><td></td><td></td></tr>
<tr><td>2</td><td colspan="2">与同组同学协商，确定人员分工</td><td>较强的团队协作能力</td><td></td><td></td></tr>
<tr><td>3</td><td colspan="2">查阅资料能力，市场调研能力</td><td>较强的资料检索能力和市场调研能力</td><td></td><td></td></tr>
<tr><td>4</td><td colspan="2">资料的阅读、分析和归纳能力</td><td>较强的分析报告撰写能力</td><td></td><td></td></tr>
<tr><td>5</td><td colspan="2">检查去除断在工件中的钻头或丝锥的电火花加工</td><td>工艺制订是否合理</td><td></td><td></td></tr>
<tr><td>6</td><td colspan="2">安全生产与环保</td><td>符合“5S”要求</td><td></td><td></td></tr>
<tr><td>检查评价</td><td colspan="5">评语：</td></tr>
<tr><td>班级</td><td></td><td>组别</td><td></td><td>组长签字</td><td></td></tr>
<tr><td>教师签字</td><td colspan="3"></td><td>日期</td><td></td></tr>
</table>

2. 去除断在工件中的钻头或丝锥的电火花加工评价单（表2-18）。

表2-18　去除断在工件中的钻头或丝锥的电火花加工评价单

学习领域	电火花加工技术				
学习情境2	电火花穿孔成形加工		学时		20学时
任务2.2	去除断在工件中的钻头或丝锥的电火花加工		学时		7学时
评价类别	评价项目	子项目	个人评价	组内互评	教师评价
专业能力（60%）	资讯（8%）	搜集信息（4%）			
		引导问题回答（4%）			
	计划（5%）	计划可执行度（5%）			
	实施（12%）	工作步骤执行（3%）			
		功能实现（3%）			
		质量管理（2%）			
		安全保护（2%）			
		环境保护（2%）			
	检查（10%）	全面性、准确性（5%）			
		异常情况排除（5%）			
	过程（15%）	使用工具规范性（7%）			
		操作过程规范性（8%）			
	结果（5%）	结果质量（5%）			
	作业（5%）	作业质量（5%）			
社会能力（20%）	团结协作（10%）				
	敬业精神（10%）				
方法能力（20%）	计划能力（10%）				
	决策能力（10%）				
评价评语	评语：				
班级		组别		学号		总评	
教师签字		组长签字		日期	

2.2.7　实践中常见问题解析

1. 工件正式加工前，要确认工件、工具电极已经装夹好，确认导线的绝缘皮有没有破裂，检查工具电极、工件、夹具之间有没有干扰。

2. 加入工作液时，不得混入类似汽油之类的易燃物，防止电火花引起火灾。

3. 加工时，工作液液面要高出工件一定距离（30～50mm 以上），如果液面过低，加工电流较大，很容易引起火灾。

任务 2.3　连杆锻模的电火花加工

2.3.1　任务描述

连杆锻模的电火花加工任务单见表 2-19。

表 2-19　连杆锻模的电火花加工任务单

学习领域	电火花加工技术		
学习情境 2	电火花穿孔成形加工	学时	20 学时
任务 2.3	连杆锻模的电火花加工	学时	7 学时
布置任务			
学习目标	1. 理解电火花穿孔加工的应用、工艺过程、工艺方法以及电规准的选择与转换方法。 2. 理解电火花型腔加工的应用、工艺过程、工艺方法以及电规准的选择与转换方法。 3. 了解数控电火花加工方法的应用。 4. 能够根据给定的连杆零件图，利用电火花机床加工出连杆零件。		
任务描述	本任务主要描述数控电火花成形加工的基本方法，以及利用数控电火花加工方法加工图 2-30 所示连杆锻模（凹模），材料为 05CrNiMo。 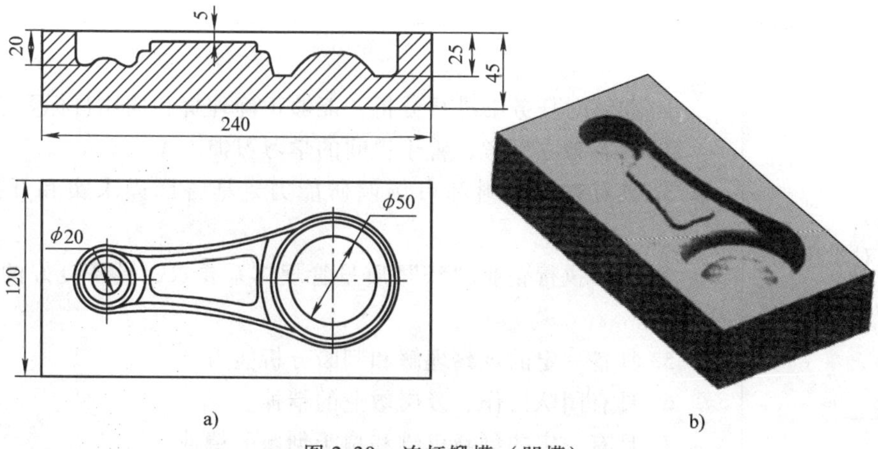 a)　b) 图 2-30　连杆锻模（凹模） a）连杆模具示意图　b）连杆模具立体图		

<table>
<tr><td>任务分析</td><td colspan="5">利用锻模可将零件直接锻压成形，且零件的内部组织性能较好，锻模在汽车、拖拉机、建筑机械、五金工具等领域得到广泛应用。尤其是精密锻模可以直接锻压出成品零件，或经简单加工即可使用。例如汽车、拖拉机中使用的各种齿轮、连杆、半轴、曲轴等，都离不开锻模制造加工，而电火花加工是制造锻模的重要手段之一。</td></tr>
<tr><td rowspan="2">学时安排</td><td>资讯</td><td>计划</td><td>决策</td><td>实施</td><td>检查评价</td></tr>
<tr><td>1 学时</td><td>0.5 学时</td><td>0.5 学时</td><td>4 学时</td><td>1 学时</td></tr>
<tr><td>提供资料</td><td colspan="5">1. 汤家荣．模具特种加工技术．北京：北京理工大学出版社，2010。
2. 杨武成．特种加工．西安：西安电子科技大学出版社，2009。
3. 张若锋，邓健平．数控加工实训．北京：机械工业出版社，2011。
4. 周晓宏．数控加工工艺与设备．北京：机械工业出版社，2011。
5. 周湛学，刘玉忠．数控电火花加工及实例详解．北京：化学工业出版社，2013。
6. 刘晋春，等．特种加工．北京：机械工业出版社，2007。
7. 廖慧勇．数控加工实训教程．成都：西南交通大学出版社，2007。
8. 刘虹．数控加工编程及操作．北京：机械工业出版社，2011。
9. 陈江进，雷黎明．数控加工编程与操作．北京：国防工业出版社，2012。</td></tr>
<tr><td>对学生的要求</td><td colspan="5">1. 能够对任务书进行分析，能够正确理解和描述目标要求。
2. 具有独立思考、善于提问的学习习惯。
3. 具有查询资料和市场调研能力，具备严谨求实和开拓创新的学习态度。
4. 能够执行企业“5S”质量管理体系要求，具备良好的职业意识和社会能力。
5. 具备一定的观察理解和判断分析能力。
6. 具有团队协作、爱岗敬业的精神。
7. 具有一定的创新思维和勇于创新的精神。</td></tr>
</table>

2.3.2　资讯

1. 连杆锻模的电火花加工资讯单（表2-20）

表2-20　连杆锻模的电火花加工资讯单

学习领域	电火花加工技术		
学习情境2	电火花穿孔成形加工	学时	20学时
任务2.3	连杆锻模的电火花加工	学时	7学时
资讯方式	实物、参考资料		
资讯问题	1. 叙述数控电火花加工的过程。 2. 指出在数控电火花加工中，手动编程和自动编程的区别。 3. 简述数控电火花加工程度的编写格式。		
资讯引导	1. 问题1参阅信息单。 2. 问题2、3参阅信息单和周湛学，刘玉忠主编的《数控电火花加工及实例详解》相关内容。		

2. 连杆锻模的电火花加工信息单（表2-21）

表2-21　连杆锻模的电火花加工信息单

学习领域	电火花加工技术		
学习情境2	电火花穿孔成形加工	学时	20学时
任务2.3	连杆锻模的电火花加工	学时	7学时
序号	信息内容		
一	加工工艺路线方法引导		
1）下料：板料尺寸不小于250mm×130mm×50mm，材料为05CrNiMo。 2）锻打：用规格为0.5t的空气锤对坯料进行锻打。 3）数控铣床加工：毛坯外形预留0.5~0.8mm（单边）的磨削量，型腔预留电火花加工余量为0.6~1mm（单边）。 4）热处理：50~55HRC。 5）磨削：将锻模外形磨削至尺寸要求，注意对称性。 6）电火花加工：加工型腔至图样要求。 7）检验。			
二	电火花加工工艺分析		
1）如果锻模精度要求相对较低，可以采用单一工具电极一次加工成形，否则需要选用较小的电参数加工，或用两个工具电极，分粗、精两次加工完成。			

2）该型腔不深，属于不通孔加工，但加工时间相对较长，要求石墨电极上必须加工出排气孔、排屑孔，以便于稳定加工。

3）制作石墨电极时，应加固定连接板（金属），以便于石墨电极的找正、装夹，同时应注意防尘、排烟等事项。

4）由于工具电极上开有排气孔，故模具型腔加工后某些局部留有残余高度，用钳工以及再用2个较小的工具电极将残留加工掉。

三	电火花加工步骤

1. 工具电极制造

工具电极材料选用高纯度石墨，经数控机床直接加工成形，电极尺寸缩小量为0.2～0.3mm（单边），并在140mm中心线上钻若干$\phi1\sim\phi1.5$mm的排气孔。电极形状如图2-31所示。

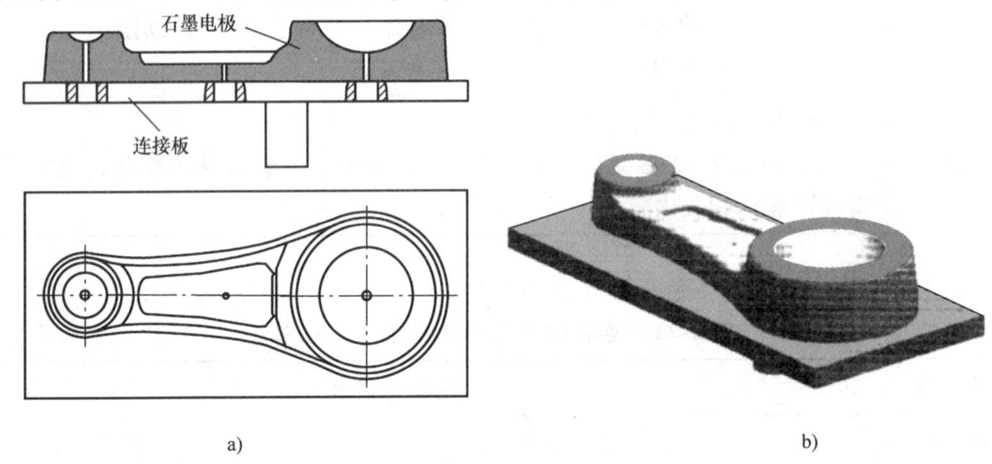

a)　　b)

图2-31　电极

a）电极示意图　b）连杆模具立体图

2. 工具电极的找正

首先将百分表固定在机床上，百分表的触点接触在电极固定连接板上，此时要按下“忽略接触感知”键，使机床沿X、Z轴方向移动，将电极位置调整到满足加工要求为止。

3. 工件的找正

用磁性吸盘直接将工件固定在机床上（工件应尽量靠近吸盘的某个角度，以便于电极触碰工件建立工件坐标系），将百分表固定在机床主轴上，百分表的触点接触工件侧面，此时要按下“忽略接触感知”键，使机床沿X（或Y）轴方向移动，将工件位置调整到满足加工要求为止。

4. 建立工件坐标系

用电极的固定连接板触碰工件的上表面以及工件的两个侧面，寻找坐标的原点。X、Y轴的原点在工件中心，Z轴的原点在工件上表面。

5. 电火花加工工艺数据

停止位置为1.0mm，加工轴方向为$Z-$，材料组合为石墨—钢，工艺选择为标准值，加工深度为25.0mm，工具电极缩放量为0.2mm，表面粗糙度Ra值为2.5μm，投影面积

为 $120cm^2$，平动方式为关闭。 6. 编制加工程序	
四	检验
1）对工具电极各尺寸和损耗进行检验。 2）对已加工工件各尺寸和相对位置进行检验。 3）对已加工表面上型腔尺寸进行检验。即型腔的宽度、型腔的深度，通过对型腔深度和宽度的检验，得到型腔的内径尺寸。 4）检验模具多型腔之间的尺寸精度和模具的整体精度。 5）检验工件被加工表面的表面粗糙度。	

2.3.3 计划

根据任务内容制订小组任务计划，简要说明任务实施过程的步骤及注意事项。填写连杆锻模的电火花加工计划单（表 2-22）。

表 2-22 连杆锻模的电火花加工计划单

学习领域	电火花加工技术				
学习情境 2	电火花穿孔成形加工			学时	20 学时
任务 2.3	连杆锻模的电火花加工			学时	7 学时
计划方式	小组讨论				
序号	实施步骤			使用资源	
制订计划说明					
计划评价	评语：				
班级		第　　组	组长签字		
教师签字			日期		

2.3.4 决策

各小组之间讨论工作计划的合理性和可行性，进行计划方案讨论，选定合适的工作计划，进行决策，填写连杆锻模的电火花加工决策单（表 2-23）。

表 2-23 连杆锻模的电火花加工决策单

<table>
<tr><td>学习领域</td><td colspan="7">电火花加工技术</td></tr>
<tr><td>学习情境 2</td><td colspan="5">电火花穿孔成形加工</td><td>学时</td><td>20 学时</td></tr>
<tr><td>任务 2.3</td><td colspan="5">连杆锻模的电火花加工</td><td>学时</td><td>7 学时</td></tr>
<tr><td colspan="6">方案讨论</td><td>组号</td><td></td></tr>
<tr><td rowspan="16">方案决策</td><td>组别</td><td>步骤
顺序性</td><td>步骤
合理性</td><td>实施可
操作性</td><td>选用工具
合理性</td><td colspan="2">原因说明</td></tr>
<tr><td>1</td><td></td><td></td><td></td><td></td><td colspan="2"></td></tr>
<tr><td>2</td><td></td><td></td><td></td><td></td><td colspan="2"></td></tr>
<tr><td>3</td><td></td><td></td><td></td><td></td><td colspan="2"></td></tr>
<tr><td>4</td><td></td><td></td><td></td><td></td><td colspan="2"></td></tr>
<tr><td>5</td><td></td><td></td><td></td><td></td><td colspan="2"></td></tr>
<tr><td>1</td><td></td><td></td><td></td><td></td><td colspan="2"></td></tr>
<tr><td>2</td><td></td><td></td><td></td><td></td><td colspan="2"></td></tr>
<tr><td>3</td><td></td><td></td><td></td><td></td><td colspan="2"></td></tr>
<tr><td>4</td><td></td><td></td><td></td><td></td><td colspan="2"></td></tr>
<tr><td>5</td><td></td><td></td><td></td><td></td><td colspan="2"></td></tr>
<tr><td>1</td><td></td><td></td><td></td><td></td><td colspan="2"></td></tr>
<tr><td>2</td><td></td><td></td><td></td><td></td><td colspan="2"></td></tr>
<tr><td>3</td><td></td><td></td><td></td><td></td><td colspan="2"></td></tr>
<tr><td>4</td><td></td><td></td><td></td><td></td><td colspan="2"></td></tr>
<tr><td>5</td><td></td><td></td><td></td><td></td><td colspan="2"></td></tr>
<tr><td>方案评价</td><td colspan="7">评语：（根据组内的决策，对照计划进行修改并说明修改原因）</td></tr>
<tr><td>班级</td><td></td><td>组长签字</td><td></td><td>教师签字</td><td></td><td colspan="2">月　　日</td></tr>
</table>

2.3.5 实施

1. 实施准备

任务实施准备主要有场地准备、教学仪器（工具）准备、资料准备，见表2-24。

表2-24 连杆锻模的电火花加工实施准备

学习情境2	电火花穿孔成形加工		学时	20学时
任务2.3	连杆锻模的电火花加工		学时	7学时
重点、难点	连杆锻模的电火花加工步骤			
场地准备	特种加工实训室（多媒体）			
资料准备	1. 周湛学，刘玉忠．数控电火花加工及实例详解．北京：化学工业出版社，2013。 2. 数控电火花成形机床使用说明书。 3. 数控电火花成形机床安全技术操作规程。			
教学仪器（工具）准备	数控电火花成形机床			
教学组织实施				
实施步骤	组织实施内容	教学方法	学时	
1				
2				
3				
4				
5				

2. 实施任务

依据计划步骤实施任务，并完成作业单的填写。连杆锻模的电火花加工作业单见表2-25。

表2-25 连杆锻模的电火花加工作业单

学习领域	电火花加工技术		
学习情境2	电火花穿孔成形加工	学时	20学时
任务2.3	连杆锻模的电火花加工	学时	7学时
作业方式	小组分析、个人解答，现场批阅，集体评判		
	编制图2-31所示连杆锻模凹模的加工程序。		

作业解答：

作业评价：

班级		组别		组长签字	
学号		姓名		教师签字	
教师评分		日期			

2.3.6　检查评价

学生完成本学习任务后，应展示的结果有完成的计划单、决策单、作业单、检查单、评价单。

1. 连杆锻模的电火花加工检查单（表 2-26）

表 2-26　连杆锻模的电火花加工检查单

<table>
<tr><td>学习领域</td><td colspan="6">电火花加工技术</td></tr>
<tr><td>学习情境 2</td><td colspan="4">电火花穿孔成形加工</td><td>学时</td><td>20 学时</td></tr>
<tr><td>任务 2.3</td><td colspan="4">连杆锻模的电火花加工</td><td>学时</td><td>7 学时</td></tr>
<tr><td>序号</td><td colspan="2">检查项目</td><td colspan="2">检查标准</td><td>学生自查</td><td>教师检查</td></tr>
<tr><td>1</td><td colspan="2">任务书阅读与分析能力，正确理解及描述目标要求</td><td colspan="2">准确理解任务要求</td><td></td><td></td></tr>
<tr><td>2</td><td colspan="2">与同组同学协商，确定人员分工</td><td colspan="2">较强的团队协作能力</td><td></td><td></td></tr>
<tr><td>3</td><td colspan="2">查阅资料能力，市场调研能力</td><td colspan="2">较强的资料检索能力和市场调研能力</td><td></td><td></td></tr>
<tr><td>4</td><td colspan="2">资料的阅读、分析和归纳能力</td><td colspan="2">较强的分析报告撰写能力</td><td></td><td></td></tr>
<tr><td>5</td><td colspan="2">检查连杆锻模的电火花加工</td><td colspan="2">编程是否正确</td><td></td><td></td></tr>
<tr><td>6</td><td colspan="2">安全生产与环保</td><td colspan="2">符合“5S”要求</td><td></td><td></td></tr>
<tr><td>检查评价</td><td colspan="6">评语：</td></tr>
<tr><td>班级</td><td></td><td>组别</td><td></td><td>组长签字</td><td colspan="2"></td></tr>
<tr><td>教师签字</td><td colspan="4"></td><td>日期</td><td></td></tr>
</table>

2. 连杆锻模的电火花加工评价单（表 2-27）

表 2-27 连杆锻模的电火花加工评价单

<table>
<tr><td>学习领域</td><td colspan="5">电火花加工技术</td></tr>
<tr><td>学习情境 2</td><td colspan="2">电火花穿孔成形加工</td><td colspan="2">学时</td><td>20 学时</td></tr>
<tr><td>任务 2.3</td><td colspan="2">连杆锻模的电火花加工</td><td colspan="2">学时</td><td>7 学时</td></tr>
<tr><td>评价类别</td><td>评价项目</td><td>子项目</td><td>个人评价</td><td>组内互评</td><td>教师评价</td></tr>
<tr><td rowspan="14">专业能力（60%）</td><td rowspan="2">资讯（8%）</td><td>搜集信息（4%）</td><td></td><td></td><td></td></tr>
<tr><td>引导问题回答（4%）</td><td></td><td></td><td></td></tr>
<tr><td>计划（5%）</td><td>计划可执行度（5%）</td><td></td><td></td><td></td></tr>
<tr><td rowspan="5">实施（12%）</td><td>工作步骤执行（3%）</td><td></td><td></td><td></td></tr>
<tr><td>功能实现（3%）</td><td></td><td></td><td></td></tr>
<tr><td>质量管理（2%）</td><td></td><td></td><td></td></tr>
<tr><td>安全保护（2%）</td><td></td><td></td><td></td></tr>
<tr><td>环境保护（2%）</td><td></td><td></td><td></td></tr>
<tr><td rowspan="2">检查（10%）</td><td>全面性、准确性（5%）</td><td></td><td></td><td></td></tr>
<tr><td>异常情况排除（5%）</td><td></td><td></td><td></td></tr>
<tr><td rowspan="2">过程（15%）</td><td>使用工具规范性（7%）</td><td></td><td></td><td></td></tr>
<tr><td>操作过程规范性（8%）</td><td></td><td></td><td></td></tr>
<tr><td>结果（5%）</td><td>结果质量（5%）</td><td></td><td></td><td></td></tr>
<tr><td>作业（5%）</td><td>作业质量（5%）</td><td></td><td></td><td></td></tr>
<tr><td rowspan="2">社会能力（20%）</td><td>团结协作（10%）</td><td rowspan="2"></td><td rowspan="2"></td><td rowspan="2"></td><td rowspan="2"></td></tr>
<tr><td>敬业精神（10%）</td></tr>
<tr><td rowspan="2">方法能力（20%）</td><td>计划能力（10%）</td><td rowspan="2"></td><td rowspan="2"></td><td rowspan="2"></td><td rowspan="2"></td></tr>
<tr><td>决策能力（10%）</td></tr>
<tr><td>评价评语</td><td colspan="5">评语：</td></tr>
<tr><td>班级</td><td></td><td>组别</td><td></td><td>学号</td><td></td><td>总评</td><td></td></tr>
<tr><td>教师签字</td><td></td><td>组长签字</td><td></td><td>日期</td><td></td></tr>
</table>

2.3.7 实践中常见问题解析

数控电火花机床与普通电火花机床相比，在加工精度、加工自动化程度、加工工艺的适应性、多样性方面大为提高，使操作人员的操作更为省力。目前，最先进的数控电火花机床在配有工具电极库和标准工具电极夹具的情况下，只要在加工前将工具电极放入刀库，编制好加工程序，整个电火花加工过程便能自动运转，几乎不需要人工操作。

1. 利用数控电火花机床的横向、斜向、C 轴分度加工等功能，可以改善加工工艺，提高加工质量。

2. 数控电火花机床在找正工具电极与工件的相对位置时非常有用，自动测量找正、自动定位功能发挥了它的自动化性能，不需要人工干预，可以提高定位精度、效率。数控电火花机床可以连续进行多工件加工，可以大幅提高加工效率。目前，新开发的电火花铣削加工技术利用简单的工具电极，采用多轴联动的加工方法，可以加工出复杂的工件形状，如航空、航天发动机的整体叶轮的加工。只要解决工具电极补偿的问题，这一数控电火花加工技术将有很广阔的应用前景。

3. 数控电火花加工技术正不断向精密化、自动化、智能化、高效化等方向发展。如今新型数控电火花机床层出不穷，新型的数控电火花机床的数控功能不断得到完善，加工性能不断提高，有力地提高了电火花加工的实际应用水平。

学习情境3
数控电火花线切割机床操作

【学习目标】

学生在教师的讲解和引导下，掌握工件的装夹与调整；掌握电极丝的安装与定位；了解数控电火花线切割机床的操作面板及其控制功能。

【工作任务】

1. 工件的装夹与调整。
2. 电极丝的安装与定位。
3. DK7732 型数控电火花线切割机床的基本操作。

【情境描述】

数控电火花线切割机床的加工过程是利用一根移动的金属丝（钼丝、钨丝或铜丝等）作为工具电极，在金属丝与工件间通以脉冲电流，产生脉冲放电，从而进行切割加工。通过本学习情境3个学习任务：工件的装夹与调整、电极丝的安装与定位、DK7732 型数控电火花线切割机床的基本操作，学生应掌握数控电火花线切割机床的操作。

操作数控电火花线切割机床之前，操作者必须熟悉机床结构和性能，经培训合格后方可上岗。严禁非培训合格人员擅自动用电火花线切割设备，严禁超性能使用电火花线切割设备。

任务3.1　工件的装夹与调整

3.1.1　任务描述

工件的装夹与调整任务单见表3-1。

3.1.2　资讯

1. 工件的装夹与调整资讯单（表3-2）

表 3-1　工件的装夹与调整任务单

<table>
<tr><td>学习领域</td><td colspan="5">电火花加工技术</td></tr>
<tr><td>学习情境 3</td><td colspan="3">数控电火花线切割机床操作</td><td>学时</td><td>15 学时</td></tr>
<tr><td>任务 3.1</td><td colspan="3">工件的装夹与调整</td><td>学时</td><td>5 学时</td></tr>
<tr><td colspan="6">布置任务</td></tr>
<tr><td>学习目标</td><td colspan="5">1. 掌握数控电火花线切割机床工件的装夹方法。
2. 掌握数控电火花线切割机床工件的调整方法。
3. 具备正确装夹工件的能力。</td></tr>
<tr><td>任务描述</td><td colspan="5">图 3-1 所示的零件，其最大长度为 139mm，最大宽度为 20mm，厚度为 2.5mm。数控电火花线切割机床的工作台行程为 120mm × 100mm。毛坯为 150mm × 30mm × 2.5mm 的不锈钢板，试正确装夹工件。
图 3-1　零件图</td></tr>
<tr><td>任务分析</td><td colspan="5">学习工件的装夹与调整，理解该任务对加工精度的影响。</td></tr>
<tr><td rowspan="2">学时安排</td><td>资讯</td><td>计划</td><td>决策</td><td>实施</td><td>检查评价</td></tr>
<tr><td>1 学时</td><td>0.5 学时</td><td>0.5 学时</td><td>2 学时</td><td>1 学时</td></tr>
<tr><td>提供资料</td><td colspan="5">1. 汤家荣. 模具特种加工技术. 北京：北京理工大学出版社，2010。
2. 杨武成. 特种加工. 西安：西安电子科技大学出版社，2009。
3. 张若锋，邓健平. 数控加工实训. 北京：机械工业出版社，2011。
4. 周晓宏. 数控加工工艺与设备. 北京：机械工业出版社，2011。
5. 周湛学，刘玉忠. 数控电火花加工及实例详解. 北京：化学工业出版社，2013。
6. 刘晋春，等. 特种加工. 北京：机械工业出版社，2007。
7. 廖慧勇. 数控加工实训教程. 成都：西南交通大学出版社，2007。
8. 刘虹. 数控加工编程及操作. 北京：机械工业出版社，2011。
9. 陈江进，雷黎明. 数控加工编程与操作. 北京：国防工业出版社，2012。</td></tr>
<tr><td>对学生的要求</td><td colspan="5">1. 能够对任务书进行分析，能够正确理解和描述目标要求。
2. 具有独立思考、善于提问的学习习惯。
3. 具有查询资料和市场调研能力，具备严谨求实和开拓创新的学习态度。</td></tr>
</table>

对学生的要求	4. 能够执行企业"5S"质量管理体系要求，具备良好的职业意识和社会能力。 5. 具备一定的观察理解和判断分析能力。 6. 具有团队协作、爱岗敬业的精神。 7. 具有一定的创新思维和勇于创新的精神。

表 3-2　工件的装夹与调整资讯单

学习领域	电火花加工技术		
学习情境 3	数控电火花线切割机床操作	学时	15 学时
任务 3.1	工件的装夹与调整	学时	5 学时
资讯方式	实物、参考资料		
资讯问题	1. 定位、夹紧的原理是什么？ 2. 压板、永磁吸盘、线切割工件基准装夹系统等通用夹具的调整及使用方法是什么？ 3. 简述量表的使用方法。		
资讯引导	1. 问题 1、2 参阅信息单和张若锋、邓健平主编的《数控加工实训》相关内容。 2. 问题 3 参阅信息单和周湛学、刘玉忠主编的《数控电火花加工及实例详解》相关内容。		

2. 工件的装夹与调整信息单（表 3-3）

表 3-3　工件的装夹与调整信息单

学习领域	电火花加工技术		
学习情境 3	数控电火花线切割机床操作	学时	15 学时
任务 3.1	工件的装夹与调整	学时	5 学时
序号	信息内容		
一	工件的装夹方法引导		
线切割加工工件的装夹一般采用通用夹具及夹板固定。由于线切割加工时作用力小，装夹时夹紧力要求不大，并且加工时电极丝从上至下穿过工件，工件被切割部分悬空，因此对线切割工件的装夹有一定的要求。 1. 对工件装夹的一般要求 1）工件的装夹基准面要光洁无毛刺。热处理后的工件表面的污物及氧化膜一定要清			

洁干净，以免造成夹丝或断丝。

2）夹紧力要均匀，不得使工件变形或翘起。

3）装夹位置要有利于工件的找正，并且要保证在机床加工行程范围内。

4）所用的夹具精度要高，以确保加工精度。

5）细小、精密及薄壁工件应先固定在辅助夹具上，再装夹到工作台上。

6）批量加工零件时，最好设计专用夹具以提高生产率。

2. 常用的工件装夹方式

（1）悬臂支撑（图3-2a） 此方式装夹方便，通用性强，适用于对加工精度要求不高或悬臂部分较少的工件的装夹。

（2）两端支撑（图3－2b） 此方式是把工件两端固定在夹具上，支撑稳定，定位精度高，适用于较大工件的装夹。

（3）桥式支撑（图3-2c） 此方式是把两支撑垫铁放到两端支撑夹具上，桥的侧面也可作为定位面使用，使装夹更方便，通用性广，适用于大、中、小工件的装夹。

（4）板式支撑（图3-2d） 支承板面按照常规工件的基本形状制作出矩形或圆形孔，易于保证装夹精度，适用于装夹常规工件及批量生产。

（5）复式支撑（图3-2e） 此方式是把专用夹具固定在桥式夹具上，适用于批量生产，可节省装夹时间且保证加工工件的一致性。

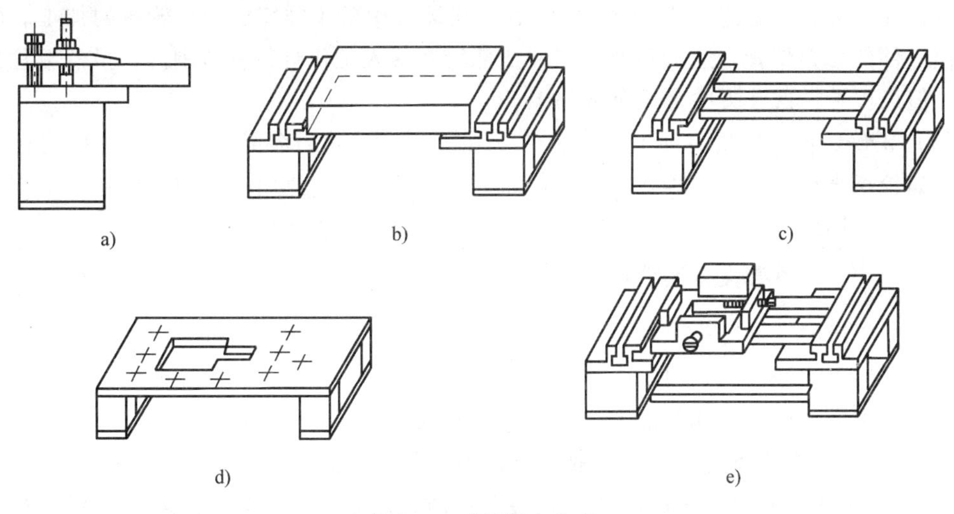

图3-2 工件装夹方式

a）悬臂支撑 b）两端支撑 c）桥式支撑 d）板式支撑 e）复式支撑

二	工件位置的调整方法引导

1. 工件的找正

工件安装后，还必须进行找正，使工件的定位基准面分别与坐标工作台面及 X、Y 进给方向保持平行，从而保证切割出的表面与基准面之间的相对位置精度。常用拉表法在三个坐标方向上进行，如图3-3所示。

2. 工件在工作台上的装夹位置对编程的影响

（1）适当的定位可以简化编程工作 工件在工作台上的位置不同，会影响工件轮廓线的方位，也就影响各点坐标的计算结果，从而影响各段程序。如图 3-4a 所示，若使 α 为 0°、90°以外的任意角，则矩形轮廓各线段都是切割程序中的斜线，这样，计算各点的坐标、填写程序单等都比较麻烦，还可能发生错误。如果条件允许，使 α 角为 0°或 90°，则各条程序皆为直线程序，这就简化了编程，从而减少了差错。同理，图 3-4b 所示图形，当 α 为 0°、90°或 45°时，也会简化编程，提高质量，而为其他角度时，会使编程复杂化。

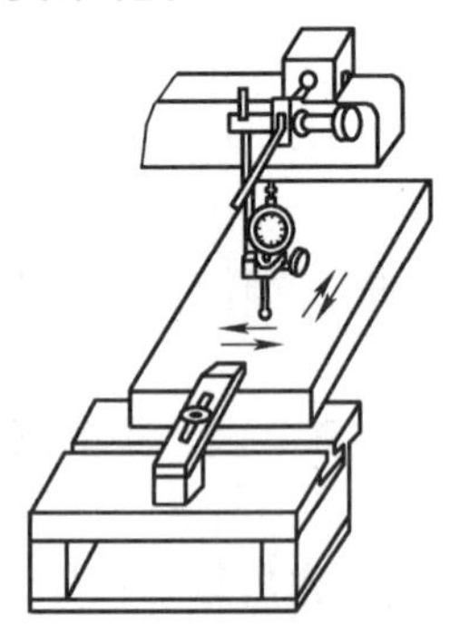

图 3-3　拉表法找正

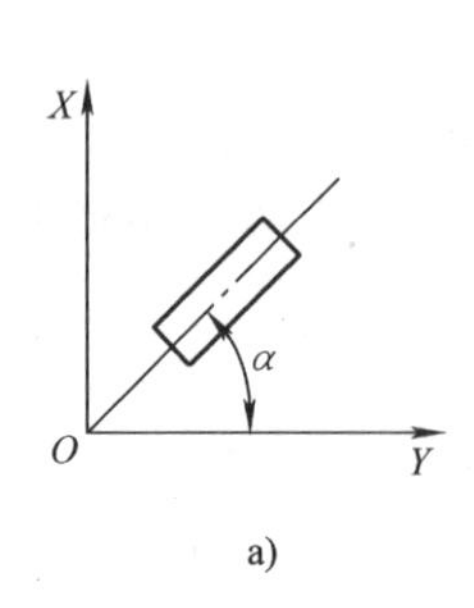

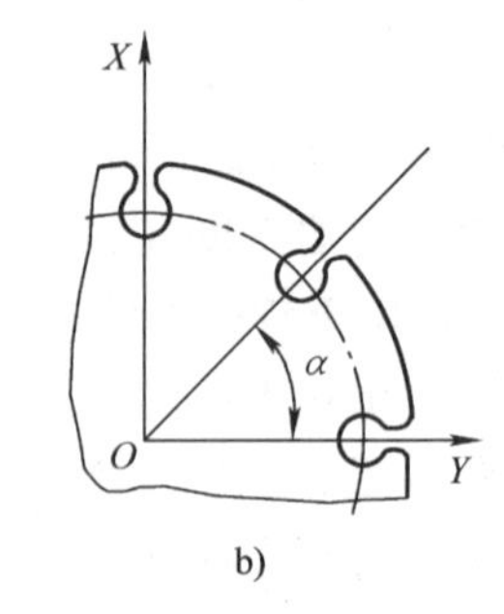

图 3-4　工件定位对编程的影响

（2）合理的定位可以充分发挥机床的效能　有时则与上述情况相反，零件的尺寸较工作台行程稍大时，若使 α 为 0°或 90°，在一次装夹中就不能完成全部轮廓的加工。所以需要使工件的 α 角偏置合适的角度，工件全部轮廓落入工作台行程范围内，虽然编程比较复杂，但可以在一次装夹中完成全部加工。

（3）正确定位可以提高加工的稳定性　在加工时，执行各条程序切割的稳定性并不相同，如较长直线的切割过程就容易出现加工电流不稳定、进给不均匀等现象，严重时还会引起断丝。因此编程时应使零件的定位尽量避开较长的直线程序。

三	工件装夹方案分析方法引导

图 3-1 所示的零件尺寸要求不是很高，轮廓为直线和半圆，毛坯为 2.5mm 厚的不锈钢板，因此装夹比较方便。但是由于该零件长度大于工作台行程，所以装夹时，应该考虑能否一次装夹完成所有轮廓的加工。通过上述分析，可采取以下措施：

1）因为尺寸要求不是很严格，故可以采用悬臂支撑法。

2）如果考虑工作台行程的问题，安装工件时，可以使 α 为 45°，编程计算相对比较简单，并且能够一次装夹完成所有轮廓的加工，如图 3-5 所示。

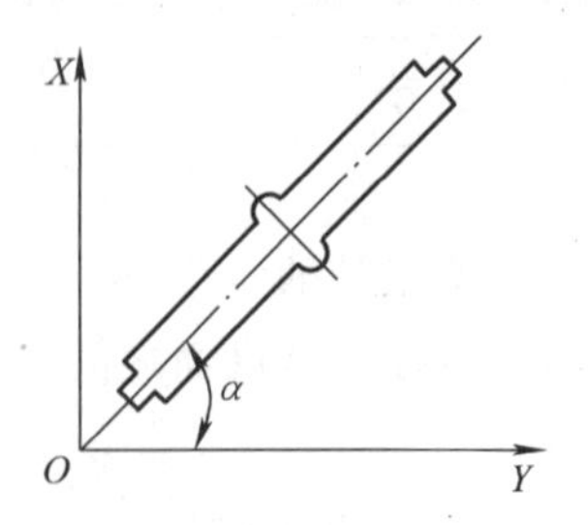

图 3-5　工件装夹位置示意图

四	实际操作
1. 定位基准的确定 选用左端端面和45°角度定位。 2. 工件的装夹 左端采用磁性表座夹持工件，右端可采用桥式支撑。 3. 工件的找正 采用拉表法进行 X、Y 方向的找正。	

3.1.3 计划

根据任务内容制订小组任务计划，简要说明任务实施过程的步骤及注意事项。填写工件的装夹与调整计划单（表3-4）。

表3-4 工件的装夹与调整计划单

学习领域	电火花加工技术			
学习情境3	数控电火花线切割机床操作		学时	15学时
任务3.1	工件的装夹与调整		学时	5学时
计划方式	小组讨论			
序号	实施步骤		使用资源	
制订计划说明				
计划评价	评语：			
班级		第　　组	组长签字	
教师签字			日期	

3.1.4 决策

各小组之间讨论工作计划的合理性和可行性，进行计划方案讨论，选定合适的工作计划，进行决策，填写工件的装夹与调整决策单（表3-5）。

表3-5 工件的装夹与调整决策单

学习领域	电火花加工技术					
学习情境3	数控电火花线切割机床操作				学时	15学时
任务3.1	工件的装夹与调整				学时	5学时
方案讨论					组号	
方案决策	组别	步骤顺序性	步骤合理性	实施可操作性	选用工具合理性	原因说明
	1					
	2					
	3					
	4					
	5					
	1					
	2					
	3					
	4					
	5					
	1					
	2					
	3					
	4					
	5					
方案评价	评语：（根据组内的决策，对照计划进行修改并说明修改原因）					
班级		组长签字		教师签字		月　日

3.1.5 实施

1. 实施准备

任务实施准备主要有场地准备、教学仪器（工具）准备、资料准备，见表3-6。

表3-6 工件的装夹与调整实施准备

<table>
<tr><td>学习情境3</td><td colspan="2">数控电火花线切割机床操作</td><td>学时</td><td>15学时</td></tr>
<tr><td>任务3.1</td><td colspan="2">工件的装夹与调整</td><td>学时</td><td>5学时</td></tr>
<tr><td>重点、难点</td><td colspan="4">工件的装夹方法</td></tr>
<tr><td>场地准备</td><td colspan="4">特种加工实训室（多媒体）</td></tr>
<tr><td>资料准备</td><td colspan="4">1. 张若锋，邓健平. 数控加工实训. 北京：机械工业出版社，2011。
2. 周湛学，刘玉忠. 数控电火花加工及实例详解. 北京：化学工业出版社，2013。
3. 数控电火花线切割机床使用说明书。
4. 数控电火花线切割机床安全技术操作规程。</td></tr>
<tr><td>教学仪器（工具）准备</td><td colspan="4">数控电火花线切割机床</td></tr>
<tr><td colspan="5">教学组织实施</td></tr>
<tr><td>实施步骤</td><td>组织实施内容</td><td colspan="2">教学方法</td><td>学时</td></tr>
<tr><td>1</td><td></td><td colspan="2"></td><td></td></tr>
<tr><td>2</td><td></td><td colspan="2"></td><td></td></tr>
<tr><td>3</td><td></td><td colspan="2"></td><td></td></tr>
<tr><td>4</td><td></td><td colspan="2"></td><td></td></tr>
<tr><td>5</td><td></td><td colspan="2"></td><td></td></tr>
</table>

2. 实施任务

依据计划步骤实施任务，并完成作业单的填写。工件的装夹与调整作业单见表3-7。

表3-7 工件的装夹与调整作业单

<table>
<tr><td>学习领域</td><td colspan="3">电火花加工技术</td></tr>
<tr><td>学习情境3</td><td>数控电火花线切割机床操作</td><td>学时</td><td>15学时</td></tr>
<tr><td>任务3.1</td><td>工件的装夹与调整</td><td>学时</td><td>5学时</td></tr>
<tr><td>作业方式</td><td colspan="3">小组分析、个人解答，现场批阅，集体评判</td></tr>
<tr><td>1</td><td colspan="3">电火花线切割加工常用的装夹方法有哪些？</td></tr>
</table>

作业解答：					
2	对工件装夹的基本要求是什么？工件位置的找正调整如何进行？				
作业解答：					
作业评价：					
班级		组别		组长签字	
学号		姓名		教师签字	
教师评分		日期			

3.1.6 检查评价

学生完成本学习任务后，应展示的结果有完成的计划单、决策单、作业单、检查单、评价单。

1. 工件的装夹与调整检查单（表3-8）

表3-8 工件的装夹与调整检查单

<table>
<tr><td>学习领域</td><td colspan="7">电火花加工技术</td></tr>
<tr><td>学习情境3</td><td colspan="5">数控电火花线切割机床操作</td><td>学时</td><td>15学时</td></tr>
<tr><td>任务3.1</td><td colspan="5">工件的装夹与调整</td><td>学时</td><td>5学时</td></tr>
<tr><td>序号</td><td colspan="2">检查项目</td><td colspan="3">检查标准</td><td>学生自查</td><td>教师检查</td></tr>
<tr><td>1</td><td colspan="2">任务书阅读与分析能力，正确理解及描述目标要求</td><td colspan="3">准确理解任务要求</td><td></td><td></td></tr>
<tr><td>2</td><td colspan="2">与同组同学协商，确定人员分工</td><td colspan="3">较强的团队协作能力</td><td></td><td></td></tr>
<tr><td>3</td><td colspan="2">查阅资料能力，市场调研能力</td><td colspan="3">较强的资料检索能力和市场调研能力</td><td></td><td></td></tr>
<tr><td>4</td><td colspan="2">资料的阅读、分析和归纳能力</td><td colspan="3">较强的分析报告撰写能力</td><td></td><td></td></tr>
<tr><td>5</td><td colspan="2">检查工件在工作台上的装夹位置对编程的影响</td><td colspan="3">装夹位置是否合理</td><td></td><td></td></tr>
<tr><td>6</td><td colspan="2">安全生产与环保</td><td colspan="3">符合“5S”要求</td><td></td><td></td></tr>
<tr><td>7</td><td colspan="2">检查工件装夹方式</td><td colspan="3">装夹方式是否正确</td><td></td><td></td></tr>
<tr><td>检查评价</td><td colspan="7">评语：</td></tr>
<tr><td>班级</td><td></td><td>组别</td><td></td><td>组长签字</td><td colspan="3"></td></tr>
<tr><td>教师签字</td><td colspan="4"></td><td>日期</td><td colspan="2"></td></tr>
</table>

2. 工件的装夹与调整评价单（表 3-9）

表 3-9　工件的装夹与调整评价单

<table>
<tr><td>学习领域</td><td colspan="5">电火花加工技术</td></tr>
<tr><td>学习情境 3</td><td colspan="2">数控电火花线切割机床操作</td><td colspan="2">学时</td><td>15 学时</td></tr>
<tr><td>任务 3.1</td><td colspan="2">工件的装夹与调整</td><td colspan="2">学时</td><td>5 学时</td></tr>
<tr><td>评价类别</td><td>评价项目</td><td>子项目</td><td>个人评价</td><td>组内互评</td><td>教师评价</td></tr>
<tr><td rowspan="15">专业能力（60%）</td><td rowspan="2">资讯（8%）</td><td>搜集信息（4%）</td><td></td><td></td><td></td></tr>
<tr><td>引导问题回答（4%）</td><td></td><td></td><td></td></tr>
<tr><td>计划（5%）</td><td>计划可执行度（5%）</td><td></td><td></td><td></td></tr>
<tr><td rowspan="5">实施（12%）</td><td>工作步骤执行（3%）</td><td></td><td></td><td></td></tr>
<tr><td>功能实现（3%）</td><td></td><td></td><td></td></tr>
<tr><td>质量管理（2%）</td><td></td><td></td><td></td></tr>
<tr><td>安全保护（2%）</td><td></td><td></td><td></td></tr>
<tr><td>环境保护（2%）</td><td></td><td></td><td></td></tr>
<tr><td rowspan="2">检查（10%）</td><td>全面性、准确性（5%）</td><td></td><td></td><td></td></tr>
<tr><td>异常情况排除（5%）</td><td></td><td></td><td></td></tr>
<tr><td rowspan="2">过程（15%）</td><td>使用工具规范性（7%）</td><td></td><td></td><td></td></tr>
<tr><td>操作过程规范性（8%）</td><td></td><td></td><td></td></tr>
<tr><td>结果（5%）</td><td>结果质量（5%）</td><td></td><td></td><td></td></tr>
<tr><td>作业（5%）</td><td>作业质量（5%）</td><td></td><td></td><td></td></tr>
<tr style="display:none"><td></td></tr>
<tr><td rowspan="2">社会能力（20%）</td><td>团结协作（10%）</td><td rowspan="2"></td><td rowspan="2"></td><td rowspan="2"></td><td rowspan="2"></td></tr>
<tr><td>敬业精神（10%）</td></tr>
<tr><td rowspan="2">方法能力（20%）</td><td>计划能力（10%）</td><td rowspan="2"></td><td rowspan="2"></td><td rowspan="2"></td><td rowspan="2"></td></tr>
<tr><td>决策能力（10%）</td></tr>
<tr><td>评价评语</td><td colspan="5">评语：</td></tr>
</table>

班级		组别		学号		总评	
教师签字		组长签字		日期			

3.1.7 实践中常见问题解析

确认工件的设计基准或加工基准面，尽可能使其与 X、Y 轴平行。

1. 工件的基准面应清洁、无毛刺。经热处理的工件，在穿丝孔内及扩孔的台阶处，要清理热处理残留物及氧化膜。

2. 工件装夹的位置应有利于工件找正，并应与机床行程相适应。

3. 工件的装夹应确保加工中电极丝不会过分靠近或误切割机床工作台。

4. 工件的夹紧力大小要适中、均匀，不得使工件变形或翘起。

5. 按零件图样要求用百分表或其他量具找正基准面，使基准面与工作台的 X 向或 Y 向平行。

6. 工件装夹位置应使工件切割范围在机床行程范围之内。

7. 工件装夹完毕，要清除干净工作台面上的一切杂物。

8. 调整好机床线架高度，切割时，保证工件和夹具不会碰到线架的任何部分。

任务 3.2 电极丝的安装与定位

3.2.1 任务描述

电极丝的安装与定位任务单见表 3-10。

表 3-10 电极丝的安装与定位任务单

学习领域	电火花加工技术		
学习情境 3	数控电火花线切割机床操作	学时	15 学时
任务 3.2	电极丝的安装与定位	学时	5 学时
布置任务			
学习目标	1. 掌握数控电火花线切割机床电极丝的安装方法。 2. 掌握数控电火花线切割机床电极丝的找正及定位方法。 3. 具备正确安装数控电火花线切割机床电极丝的能力。		
任务描述	加工图 3-6 所示的凹模工件，其中 O 点为穿丝孔，试进行电极丝的安装及定位。 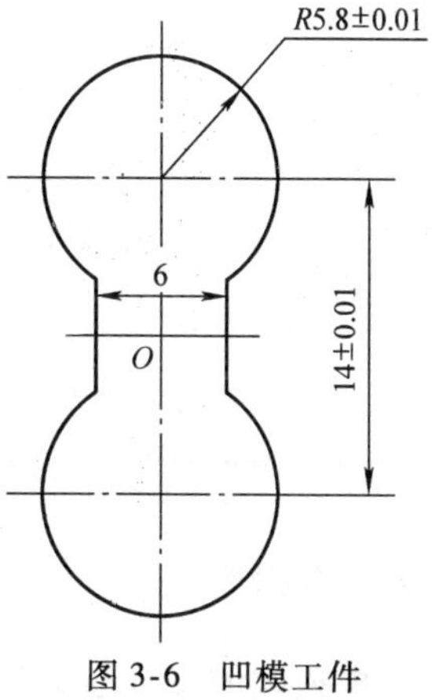 $R5.8\pm0.01$　6　O　14 ± 0.01 图 3-6 凹模工件		

<table>
<tr><td>任务分析</td><td colspan="5">电火花线切割加工属于比较精密的加工，其工具电极是一根移动的金属丝，称为电极丝。电极丝的安装与定位是电火花线切割操作的一个重要环节，其好坏直接影响线切割加工的速度和零件的加工质量。</td></tr>
<tr><td rowspan="2">学时安排</td><td>资讯</td><td>计划</td><td>决策</td><td>实施</td><td>检查评价</td></tr>
<tr><td>1 学时</td><td>0.5 学时</td><td>0.5 学时</td><td>2 学时</td><td>1 学时</td></tr>
<tr><td>提供资料</td><td colspan="5">1. 汤家荣．模具特种加工技术．北京：北京理工大学出版社，2010。
2. 杨武成．特种加工．西安：西安电子科技大学出版社，2009。
3. 张若锋，邓健平．数控加工实训．北京：机械工业出版社，2011。
4. 周晓宏．数控加工工艺与设备．北京：机械工业出版社，2011。
5. 周湛学，刘玉忠．数控电火花加工及实例详解．北京：化学工业出版社，2013。
6. 刘晋春，等．特种加工．北京：机械工业出版社，2007。
7. 廖慧勇．数控加工实训教程．成都：西南交通大学出版社，2007。
8. 刘虹．数控加工编程及操作．北京：机械工业出版社，2011。
9. 陈江进，雷黎明．数控加工编程与操作．北京：国防工业出版社，2012。</td></tr>
<tr><td>对学生的要求</td><td colspan="5">1. 能够对任务书进行分析，能够正确理解和描述目标要求。
2. 具有独立思考、善于提问的学习习惯。
3. 具有查询资料和市场调研能力，具备严谨求实和开拓创新的学习态度。
4. 能够执行企业“5S”质量管理体系要求，具备良好的职业意识和社会能力。
5. 具备一定的观察理解和判断分析能力。
6. 具有团队协作、爱岗敬业的精神。
7. 具有一定的创新思维和勇于创新的精神。</td></tr>
</table>

3.2.2 资讯

1. 电极丝的安装与定位资讯单（表 3-11）

表 3-11 电极丝的安装与定位资讯单

<table>
<tr><td>学习领域</td><td colspan="3">电火花加工技术</td></tr>
<tr><td>学习情境 3</td><td>数控电火花线切割机床操作</td><td>学时</td><td>15 学时</td></tr>
<tr><td>任务 3.2</td><td>电极丝的安装与定位</td><td>学时</td><td>5 学时</td></tr>
<tr><td>资讯方式</td><td colspan="3">实物、参考资料</td></tr>
<tr><td>资讯问题</td><td colspan="3">1. 电火花线切割的主要工艺指标有哪些？
2. 电火花线切割工艺指标的影响因素有哪些？
3. 电火花线切割的工艺步骤是怎样的？
4. 电极丝的起始位置该如何调整？</td></tr>
<tr><td>资讯引导</td><td colspan="3">1. 问题 1、2 参阅信息单、周晓宏主编的《数控加工工艺与设备》相关内容。
2. 问题 3 参阅信息单、杨武成主编的《特种加工》相关内容。
3. 问题 4 参阅信息单。</td></tr>
</table>

2. 电极丝的安装与定位信息单（表 3-12）

表 3-12 电极丝的安装与定位信息单

<table>
<tr><td>学习领域</td><td colspan="3">电火花加工技术</td></tr>
<tr><td>学习情境 3</td><td>数控电火花线切割机床操作</td><td>学时</td><td>15 学时</td></tr>
<tr><td>任务 3.2</td><td>电极丝的安装与定位</td><td>学时</td><td>5 学时</td></tr>
<tr><td>序号</td><td colspan="3">信息内容</td></tr>
<tr><td>一</td><td colspan="3">电极丝的安装方法引导</td></tr>
<tr><td colspan="4">安装电极丝一般分为两步，先上丝，再穿丝。
1. 上丝
上丝操作可以自动或手动进行，上丝路径如图 3-7 所示，具体步骤如下：
1）按下储丝筒 1 停止按钮，断开断丝检测开关。
2）将丝盘套在上丝电动机 4 上，并用螺母锁紧。
3）用摇把将储丝筒摇至极限位置或与极限位置保留一段距离。
4）将丝盘上电极丝一端拉出绕过上丝介轮 3、导轮 2，并将丝头固定在储丝筒端部紧固螺钉上。
5）剪掉多余丝头，顺时针转动储丝筒几圈后打开上丝电动机开关，拉紧电极丝。
6）转动储丝筒，将丝缠绕至 10 ~ 15mm 宽度，取下摇把，松开储丝筒停止按钮，将调速旋钮调至“1”档。
7）调整储丝筒左右行程挡块，按下储丝开启按钮开始绕丝。
8）接近极限位置时，按下储丝筒停止按钮。</td></tr>
</table>

9）拉紧电极丝，关掉上丝电动机，剪掉多余电极丝并固定好丝头，自动上丝完成。在手动上丝时，不需要开启储丝筒，用摇把匀速转动储丝筒即可将丝上满。

2. 穿丝操作

穿丝路线如图 3-8 所示，具体步骤如下：

1）将固定在摆杆 9 上的重锤 2 从定滑轮 11 上取下，推动摆杆沿滑枕 10 水平右移，插入定位销 3，暂时固定摆杆的位置，装在摆杆两端的上、下张紧轮 5 的位置也随之固定。

2）牵引电极丝 4 剪断端依次穿过各个过渡轮 6、张紧轮、导电块 7、主导轮等处，用储丝筒 1 的螺钉压紧并剪掉多余丝头。

3）取下定位销，挂回重锤，受其重力作用，摆杆带动上、下张紧轮左移，电极丝便以一定的张力自动张紧。

4）使储丝筒移向中间位置，利用左、右行程撞块调整好其移动行程，至两端仍各余有数圈电极丝为止。

5）使用储丝筒操作面板上的运丝开关，机动操作储丝筒自动地进行正反向运动，并往返运动两次，使张力均匀。

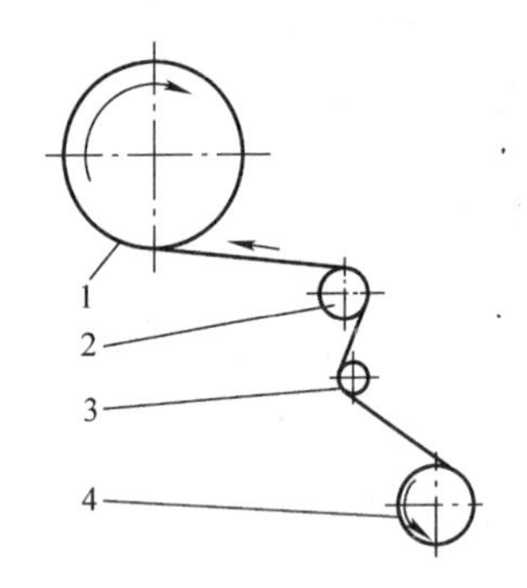

图 3-7　上丝路径

1—储丝筒　2—导轮　3—上丝介轮

4—上丝电动机

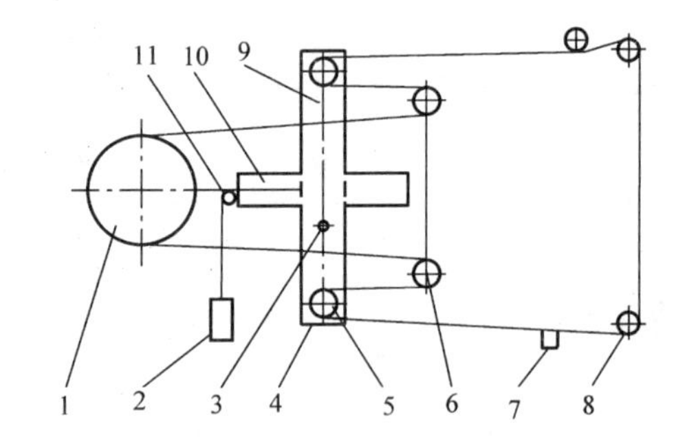

图 3-8　穿丝路线示意图

1—储丝筒　2—重锤　3—定位销　4—电极丝

5—张紧轮　6—过渡轮　7—导电块　8—导丝轮

9—摆杆　10—滑枕　11—定滑轮

二	穿丝孔和电极丝切入位置的选择方法引导

穿丝孔是电极丝相对工件运动的起点，同时也是程序执行的起点，一般选在工件上的基准点处。为缩短开始切割时的切入长度，穿丝孔也可选在距离型孔边缘 2～5mm 处。加工凸模时，为减小变形，电极丝切割时的运动轨迹与边缘的距离应大于 5mm。

三	电极丝位置的调整方法引导

线切割加工之前，应将电极丝调整到切割的起始坐标位置上，其调整方法有以下几种。

（1）目测法　对于加工要求较低的工件，在确定电极丝与工件基准间的相对位置时，可以直接利用目测或借助 2～8 倍的放大镜来进行观察。图 3-9 所示为利用穿丝处划出的十字基准线，分别沿划线方向观察电极丝与基准线的相对位置，根据两者的偏离情况移动

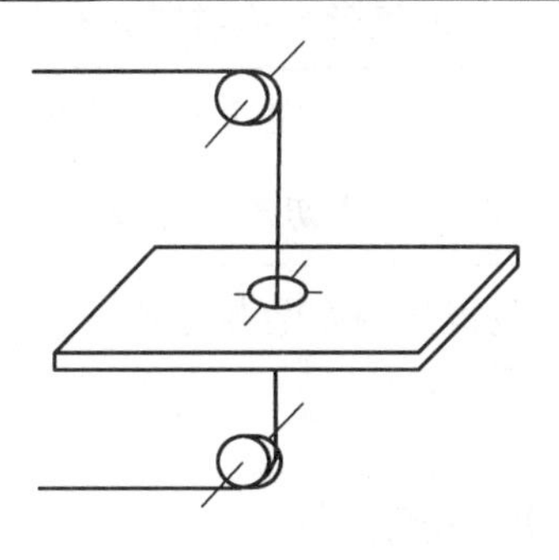

图 3-9　目测法

工作台，当电极丝中心分别与纵横方向基准线重合时，工作台纵、横方向上的读数就确定了电极丝中心的位置。

（2）火花法　如图 3-10 所示，移动工作台使工件的基准面逐渐靠近电极丝，在出现火花的瞬时，记下工作台的相应坐标值，再根据放电间隙推算电极丝中心的坐标。此法简单易行，但往往因电极丝靠近基准面时产生的放电间隙，与正常切割条件下的放电间隙不完全相同而产生误差。

（3）自动找中心法　自动找中心就是使电极丝在工件孔的中心自动定位。此方法是根据电极丝与工件的短路信号来确定电极丝的中心位置。数控功能较强的电火花线切割机床常用这种方法。如图 3-11 所示，首先使电极丝在 X 轴方向移动至与孔壁接触，此时，当前点 X 坐标为 X_1，接着电极丝往反方向移动与孔壁接触，此时当前点 X 坐标为 X_2，然后系统自动计算 X 方向中点坐标 X_0（$X_0=(X_1+X_2)/2$），并使电极丝到达 X 方向中点 X_0 处；接着在 Y 轴方向进行上述过程，电极丝到达 Y 方向中点坐标 Y_0（$Y_0=(Y_1+Y_2)/2$）。这样经过几次重复就可找到孔的中心位置。当精度达到所要求的允许值之后，就确定了孔的中心。

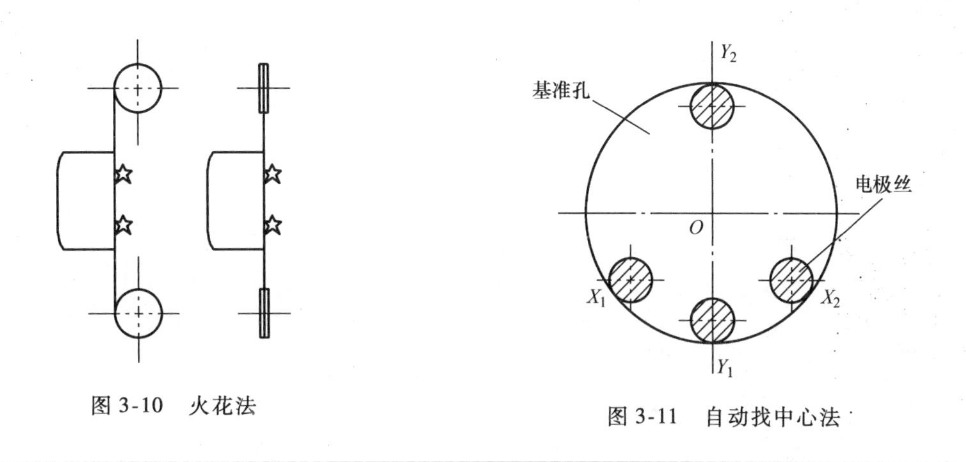

图 3-10　火花法

图 3-11　自动找中心法

3.2.3　计划

根据任务内容制订小组任务计划，简要说明任务实施过程的步骤及注意事项。填写电极丝的安装与定位计划单（表 3-13）。

表 3-13　电极丝的安装与定位计划单

<table>
<tr><td>学习领域</td><td colspan="4">电火花加工技术</td></tr>
<tr><td>学习情境 3</td><td colspan="2">数控电火花线切割机床操作</td><td>学时</td><td>15 学时</td></tr>
<tr><td>任务 3.2</td><td colspan="2">电极丝的安装与定位</td><td>学时</td><td>5 学时</td></tr>
<tr><td>计划方式</td><td colspan="4">小组讨论</td></tr>
<tr><td>序号</td><td>实施步骤</td><td colspan="3">使用资源</td></tr>
<tr><td></td><td></td><td colspan="3"></td></tr>
<tr><td></td><td></td><td colspan="3"></td></tr>
<tr><td></td><td></td><td colspan="3"></td></tr>
<tr><td></td><td></td><td colspan="3"></td></tr>
<tr><td></td><td></td><td colspan="3"></td></tr>
<tr><td></td><td></td><td colspan="3"></td></tr>
<tr><td></td><td></td><td colspan="3"></td></tr>
<tr><td></td><td></td><td colspan="3"></td></tr>
<tr><td>制订计划说明</td><td colspan="4"></td></tr>
<tr><td>计划评价</td><td colspan="4">评语：</td></tr>
<tr><td>班级</td><td></td><td>第　　组</td><td>组长签字</td><td></td></tr>
<tr><td>教师签字</td><td colspan="2"></td><td>日期</td><td></td></tr>
</table>

3.2.4 决策

各小组之间讨论工作计划的合理性和可行性，进行计划方案讨论，选定合适的工作计划，进行决策，填写电极丝的安装与定位决策单（表3-14）。

表3-14 电极丝的安装与定位决策单

<table>
<tr><td>学习领域</td><td colspan="7">电火花加工技术</td></tr>
<tr><td>学习情境3</td><td colspan="5">数控电火花线切割机床操作</td><td>学时</td><td>15学时</td></tr>
<tr><td>任务3.2</td><td colspan="5">电极丝的安装与定位</td><td>学时</td><td>5学时</td></tr>
<tr><td colspan="6">方案讨论</td><td>组号</td><td></td></tr>
<tr><td rowspan="16">方案决策</td><td>组别</td><td>步骤
顺序性</td><td>步骤
合理性</td><td>实施可
操作性</td><td>选用工具
合理性</td><td colspan="2">原因说明</td></tr>
<tr><td>1</td><td></td><td></td><td></td><td></td><td colspan="2"></td></tr>
<tr><td>2</td><td></td><td></td><td></td><td></td><td colspan="2"></td></tr>
<tr><td>3</td><td></td><td></td><td></td><td></td><td colspan="2"></td></tr>
<tr><td>4</td><td></td><td></td><td></td><td></td><td colspan="2"></td></tr>
<tr><td>5</td><td></td><td></td><td></td><td></td><td colspan="2"></td></tr>
<tr><td>1</td><td></td><td></td><td></td><td></td><td colspan="2"></td></tr>
<tr><td>2</td><td></td><td></td><td></td><td></td><td colspan="2"></td></tr>
<tr><td>3</td><td></td><td></td><td></td><td></td><td colspan="2"></td></tr>
<tr><td>4</td><td></td><td></td><td></td><td></td><td colspan="2"></td></tr>
<tr><td>5</td><td></td><td></td><td></td><td></td><td colspan="2"></td></tr>
<tr><td>1</td><td></td><td></td><td></td><td></td><td colspan="2"></td></tr>
<tr><td>2</td><td></td><td></td><td></td><td></td><td colspan="2"></td></tr>
<tr><td>3</td><td></td><td></td><td></td><td></td><td colspan="2"></td></tr>
<tr><td>4</td><td></td><td></td><td></td><td></td><td colspan="2"></td></tr>
<tr><td>5</td><td></td><td></td><td></td><td></td><td colspan="2"></td></tr>
<tr><td>方案评价</td><td colspan="7">评语：（根据组内的决策，对照计划进行修改并说明修改原因）</td></tr>
<tr><td>班级</td><td colspan="2"></td><td>组长签字</td><td></td><td>教师签字</td><td></td><td>月　日</td></tr>
</table>

3.2.5 实施

1. 实施准备

任务实施准备主要有场地准备、教学仪器（工具）准备、资料准备，见表3-15。

表3-15 电极丝的安装与定位实施准备

学习情境3	数控电火花线切割机床操作		学时	15学时
任务3.2	电极丝的安装与定位		学时	5学时
重点、难点	电极丝的安装方法			
场地准备	特种加工实训室（多媒体）			
资料准备	1. 周晓宏. 数控加工工艺与设备. 北京：机械工业出版社，2011。 2. 杨武成. 特种加工. 西安：西安电子科技大学出版社，2009。 3. 数控电火花线切割机床使用说明书。 4. 数控电火花线切割机床安全技术操作规程。			
教学仪器（工具）准备	数控电火花线切割机床			
教学组织实施				
实施步骤	组织实施内容	教学方法		学时
1				
2				
3				
4				
5				

2. 实施任务

依据计划步骤实施任务，并完成作业单的填写。电极丝的安装与定位作业单见表3-16。

表3-16 电极丝的安装与定位作业单

学习领域	电火花加工技术		
学习情境3	数控电火花线切割机床操作	学时	15学时
任务3.2	电极丝的安装与定位	学时	5学时
作业方式	小组分析、个人解答，现场批阅，集体评判		
1	试述电极丝的上丝、穿丝方法。		

作业解答：

2	试述电极丝的找正方法。

作业解答：

作业评价：

班级		组别		组长签字
学号		姓名		教师签字
教师评分		日期		

3.2.6　检查评价

学生完成本学习任务后，应展示的结果有完成的计划单、决策单、作业单、检查单、评价单。

1. 电极丝的安装与定位检查单（表3-17）

表3-17　电极丝的安装与定位检查单

学习领域	电火花加工技术				
学习情境3	数控电火花线切割机床操作			学时	15学时
任务3.2	电极丝的安装与定位			学时	5学时
序号	检查项目		检查标准	学生自查	教师检查
1	任务书阅读与分析能力，正确理解及描述目标要求		准确理解任务要求		
2	与同组同学协商，确定人员分工		较强的团队协作能力		
3	查阅资料能力，市场调研能力		较强的资料检索能力和市场调研能力		
4	资料的阅读、分析和归纳能力		较强的分析报告撰写能力		
5	检查电极丝安装		安装是否正确		
6	安全生产与环保		符合“5S”要求		
7	检查电极丝的找正方案		方案是否合理		
检查评价	评语：				
班级		组别		组长签字	
教师签字				日期	

2. 电极丝的安装与定位评价单（表3-18）

表3-18　电极丝的安装与定位评价单

学习领域	电火花加工技术				
学习情境3	数控电火花线切割机床操作			学时	15学时
任务3.2	电极丝的安装与定位			学时	5学时
评价类别	评价项目	子项目	个人评价	组内互评	教师评价
专业能力（60%）	资讯（8%）	搜集信息（4%）			
		引导问题回答（4%）			
	计划（5%）	计划可执行度（5%）			
	实施（12%）	工作步骤执行（3%）			
		功能实现（3%）			
		质量管理（2%）			
		安全保护（2%）			
		环境保护（2%）			
	检查（10%）	全面性、准确性（5%）			
		异常情况排除（5%）			
	过程（15%）	使用工具规范性（7%）			
		操作过程规范性（8%）			
	结果（5%）	结果质量（5%）			
	作业（5%）	作业质量（5%）			
社会能力（20%）	团结协作（10%）				
	敬业精神（10%）				
方法能力（20%）	计划能力（10%）				
	决策能力（10%）				
评价评语	评语：				
班级		组别		学号	总评
教师签字		组长签字		日期	

3.2.7 实践中常见问题解析

装夹工件前先找正电极丝与工作台的垂直度。电极丝垂直度找正的常见方法有两种：利用找正块、利用找正器。

(1) 利用找正块进行火花法找正　找正块是一个六方体或类似六方体，如图3-12a所示。在找正电极丝垂直度时，首先目测电极丝的垂直度，若明显不垂直，则调节 U、V 轴，使电极丝大致垂直于工作台；然后将找正块放在工作台上，在弱加工条件下，将电极丝沿 X 方向缓缓移向找正块。当电极丝快碰到找正块时，电极丝与找正块之间产生火花放电。观察产生的火花。若火花上、下均匀，如图3-12b所示，则表明在该方向上电极丝垂直度良好；若下面火花多，如图3-12c所示，则说明电极丝右倾，故将 U 轴的值调小，直至火花上、下均匀；若上面火花多，如图3-12d所示，则说明电极丝左倾，故将 U 轴的值调大，直至火花上、下均匀。同理，调节 V 轴的值，使电极丝在 V 轴上的垂直度良好。

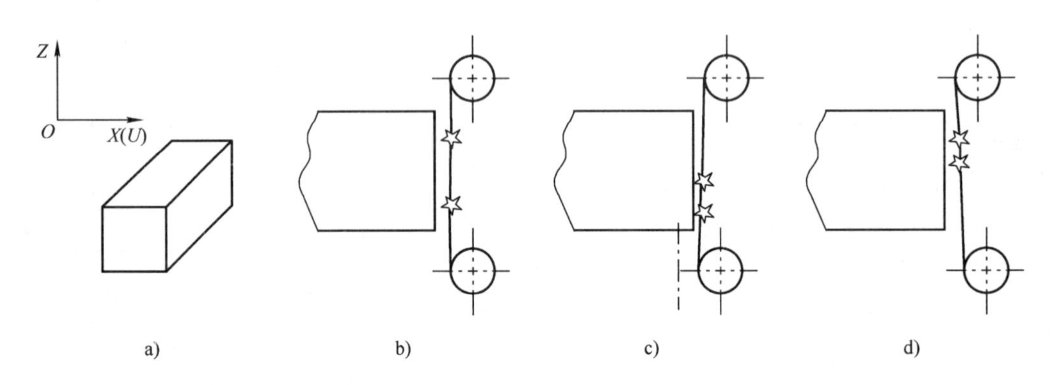

图3-12　火花法找正电极丝垂直度

a) 找正块　b) 垂直度较好　c) 垂直度较差（右倾）　d) 垂直度较差（左倾）

在用火花法找正电极丝的垂直度时，需要注意以下几点。

1) 找正块使用一次后，其表面会留下细小的放电痕迹。下次找正时，要重新换位置，不可用有放电痕迹的位置碰火花来找正电极丝的垂直度。

2) 在精密零件加工前，分别找正 U、V 轴的垂直度后，需要再检验电极丝垂直度找正的效果。具体方法是：重新分别从 U、V 轴方向碰火花，观察火花是否均匀，若 U、V 方向上火花均匀，则说明电极丝垂直度较好；若 U、V 方向上火花不均匀，则重新找正，再检验。

3) 在找正电极丝垂直度之前，电极丝应张紧，张力与加工中使用的张力相同。

4) 在用火花法校正电极丝垂直度时，电极丝要运转，以免电极丝断丝。

(2) 利用找正器进行找正　找正器是一个由触点与指示灯构成的光电找正装置，电极丝与触点接触时指示灯亮。它的灵敏度较高，使用方便且直观。底座用耐磨不变形的大理石或花岗岩制成。

使用找正器找正电极丝垂直度的方法与火花法大致相似。主要区别是：火花法是观察火花上、下是否均匀，而用找正器则是观察指示灯。若在找正过程中，指示灯同时亮，则说明电极丝垂直度良好，否则需要找正。

在使用找正器找正电极丝的垂直度时，要注意以下几点。

1）电极丝若停止走丝，不能放电。

2）电极丝应张紧，电极丝的表面应干净。

3）若加工零件精度高，则电极丝垂直度在找正后需要检查，其方法与火花法类似。

任务 3.3 DK7732 型数控电火花线切割机床的基本操作

3.3.1 任务描述

DK7732 型数控电火花线切割机床的基本操作任务单见表 3-19。

表 3-19 DK7732 型数控电火花线切割机床的基本操作任务单

<table>
<tr><td>学习领域</td><td colspan="5">电火花加工技术</td></tr>
<tr><td>学习情境 3</td><td colspan="3">数控电火花线切割机床操作</td><td>学时</td><td>15 学时</td></tr>
<tr><td>任务 3.3</td><td colspan="3">DK7732 型数控电火花线切割机床的基本操作</td><td>学时</td><td>5 学时</td></tr>
<tr><td colspan="6">布置任务</td></tr>
<tr><td>学习目标</td><td colspan="5">1. 掌握数控电火花线切割机床 HL 系统的使用方法。
2. 掌握 DK7732 型数控电火花线切割机床的操作方法。
3. 具备熟练操作数控电火花线切割机床的能力。</td></tr>
<tr><td>任务描述</td><td colspan="5">使用程序 Operation. 3B（教师先准备程序内容），进行模拟切割和实际加工（机床为配备有 HL 线切割控制系统的 DK7732 型数控电火花线切割机床）。</td></tr>
<tr><td>任务分析</td><td colspan="5">本任务是数控电火花线切割加工的基本内容，首先需要学习相关的电火花线切割机床操作，然后才能完成加工任务。</td></tr>
<tr><td rowspan="2">学时安排</td><td>资讯</td><td>计划</td><td>决策</td><td>实施</td><td>检查评价</td></tr>
<tr><td>1 学时</td><td>0.5 学时</td><td>0.5 学时</td><td>2 学时</td><td>1 学时</td></tr>
<tr><td>提供资料</td><td colspan="5">1. 汤家荣．模具特种加工技术．北京：北京理工大学出版社，2010。
2. 杨武成．特种加工．西安：西安电子科技大学出版社，2009。
3. 张若锋，邓健平．数控加工实训．北京：机械工业出版社，2011。
4. 周晓宏．数控加工工艺与设备．北京：机械工业出版社，2011。
5. 周湛学，刘玉忠．数控电火花加工及实例详解．北京：化学工业出版社，2013。</td></tr>
</table>

提供资料	6. 刘晋春，等. 特种加工. 北京：机械工业出版社，2007。 7. 廖慧勇. 数控加工实训教程. 成都：西南交通大学出版社，2007。 8. 刘虹. 数控加工编程及操作. 北京：机械工业出版社，2011。 9. 陈江进，雷黎明. 数控加工编程与操作. 北京：国防工业出版社，2012。
对学生的要求	1. 能够对任务书进行分析，能够正确理解和描述目标要求。 2. 具有独立思考、善于提问的学习习惯。 3. 具有查询资料和市场调研能力，具备严谨求实和开拓创新的学习态度。 4. 能够执行企业“5S”质量管理体系要求，具备良好的职业意识和社会能力。 5. 具备一定的观察理解和判断分析能力。 6. 具有团队协作、爱岗敬业的精神。 7. 具有一定的创新思维和勇于创新的精神。

3.3.2 资讯

1. DK7732型数控电火花线切割机床的基本操作资讯单（表3-20）

表3-20 DK7732型数控电火花线切割机床的基本操作资讯单

学习领域	电火花加工技术		
学习情境3	数控电火花线切割机床操作	学时	15学时
任务3.3	DK7732型数控电火花线切割机床的基本操作	学时	5学时
资讯方式	实物、参考资料		
资讯问题	1. 怎样安全操作和维护保养DK7732型数控电火花线切割机床？ 2. 数控电火花线切割机床中的工作液有何作用？由什么成分组成？有何要求？		
资讯引导	1. 问题1参阅信息单和张若锋，邓健平主编的《数控加工实训》相关内容。 2. 问题2参阅信息单、汤家荣主编的《模具特种加工技术》相关内容。		

2. DK7732型数控电火花线切割机床的基本操作信息单（表3-21）

表 3-21　DK7732 型数控电火花线切割机床的基本操作信息单

<table>
<tr><td>学习领域</td><td colspan="3">电火花加工技术</td></tr>
<tr><td>学习情境 3</td><td>数控电火花线切割机床操作</td><td>学时</td><td>15 学时</td></tr>
<tr><td>任务 3.3</td><td>DK7732 型数控电火花线切割机床的基本操作</td><td>学时</td><td>5 学时</td></tr>
<tr><td>序号</td><td colspan="3">信息内容</td></tr>
<tr><td>一</td><td colspan="3">DK7732 型数控电火花线切割机床基本操作步骤引导</td></tr>
<tr><td colspan="4">1）开机。按下电源开关，接通电源。
2）将加工程序输入控制机。
3）开运丝。按下运丝开关，使电极丝空运转，检查电极丝抖动情况和松紧程度。若电极丝过松，则应充分且用力均匀紧丝。
4）起动水泵，调整喷水量。起动水泵时，先把调节阀调至关闭状态，然后逐渐开启，调节至上、下喷水柱包容电极丝，水柱射向切割区即可，水量不必过大。上丝架底面前部有一排水孔，应保持畅通，避免上丝架内积水渗入机床电气箱内。
5）开脉冲电源，选择电参数。应根据对切割效率、精度、表面粗糙度的要求，选择最合适的电参数。电极丝切入工件时，先将脉冲间隔拉开，待切入后稳定时再调节脉冲间隔，使加工电流满足要求。
6）开启控制机，进入加工状态。观察电流表在切割过程中指针是否稳定，精心调节，切勿短路。
7）加工结束后应先关闭水泵电动机，再关闭运丝电动机，检查 X、Y 坐标是否到达终点。到达终点时，拆下工件，清洗并检查质量；未到达终点时，应检查程序是否有错或控制机是否有故障，及时采取补救措施，以免工件报废。机床电气操作面板和控制面板上都有红色急停按钮开关，加工过程中若有意外情况，按下此开关即可断电停机。</td></tr>
<tr><td>二</td><td colspan="3">HL 系统的操作方法引导</td></tr>
<tr><td colspan="4">HL 系统是目前国内广受欢迎的电火花线切割机床控制系统之一，它的强大功能、高可靠性和高稳定性已得到行内广泛认同。其主要操作如下：
上电后，计算机快速进入 HL 系统。在显示器上选择“1. RUN 运行”，按回车键即进入主菜单。在主菜单下，可通过移动光标或按相应菜单上红色的字母键进行相应的作业。
1. 文件调入
切割工件之前，必须把该工件的 3B 指令文件调入虚拟盘加工文件区。虚拟盘加工文件区是加工指令暂时存放区。
首先，在主菜单下按“F”键，然后再根据调入途径分别进行下列操作。
1）从图库 WS—C 调入。按回车键，光标移到所需文件，按回车键，按 <Esc> 键退出。
2）从硬盘调入。按 <F4> 键，再按“D”键，把光标移到所需文件，按 <F3> 键，把光标移到虚拟盘，按回车键，再按 <Esc> 键退出。
3）从软盘调入。按 <F4> 键，插入软盘，按“A”键，把光标移到所需文件，按 <F3> 键，把光标移到虚拟盘。按回车键，再按 <Esc> 键退出。</td></tr>
</table>

4）修改3B指令。在主菜单下，按“F”键，光标移到需修改的3B文件，按回车键，显示3B指令，按“Insert”键后，用上、下、左、右箭头键、“PgUp”及“PgDn”键即可对3B指令进行检查和修改，修改完毕后，按<Esc>键退出。

5）手工输入3B指令。切割一些简单工件，可直接用手工输入3B指令。在主菜单下按“B”键，再按回车键，然后按标准格式输入3B指令。

6）浏览图库。在主菜单下按“Tab”键，则自动依次显示图库内的图形及其对应的3B指令文件名。按空格键暂停，再按空格键继续。

2. 模拟切割

调入文件后正式切割之前，先进行模拟切割，以便观察其图形（特别是锥度和上、下异形工件）及回零坐标是否正确，避免因编程疏忽或加工参数设置不当而造成工件报废。操作步骤如下：

1）在主菜单下按“X”键，显示虚拟盘加工文件（3B指令文件）。如果没有3B指令文件，需要退回主菜单调入加工文件。

2）光标移到需要模拟切割的3B指令文件，按回车键，即显示出加工件的图形。如果图形的比例太大或太小，不便于观察，可按“+”、“-”键进行调整。如果图形的位置不正，可按上、下、左、右箭头键、“PgUp”及“PgDn”键进行调整。

3）如果是一般工件（即非锥度，非上、下异形工件），可按<F4>键、回车键，即显示终点X、Y回零坐标。

3. 正式切割

经模拟切割无误后，装夹工件，开启丝筒、水泵、高频，可进行正式切割。

1）在主菜单下，选择“加工#1”（只有一块控制卡时只能选择“加工#1”。如果同时安装多块控制卡时，可选择“加工#2”“加工#3”“加工#4”），按回车键“C”键，显示加工文件。

2）光标移到要切割的3B文件，按回车键，显示出该3B指令的图形，调整大小比例及适当位置。

3）按<F3>键，显示加工参数设置。

4）各参数设置完毕，按<Esc>键退出。按<F1>键显示起始段1，表示从第1段开始切割（如果要从第N段开始切割，则按“清除”键清除数字1，再输入数字N）。再按回车键，显示终点段XX（同样，如果要在第M段结束，用清除键清除XX，再输入数字M），再按回车键。

5）按<F12>键锁进给（进给菜单由蓝底变浅绿，再按<F12>键松进给，进给菜单则由浅绿变蓝）；按<F10>键选择自动（菜单浅绿底为自动，再按<F10>键为手动，菜单由浅绿变蓝）；按<F11>键开高频，开始切割（再按<F11>键为关高频）。

6）切割中途断丝后，可采用逆向切割，这样一方面可避免重复切割、节省时间，另一方面可避免因重复切割而引起的表面粗糙度及精度下降。操作方法是在主菜单下选择“加工”，按回车键、“C”键，调入指令后按<F2>键、回车键，再按回车键，锁进给、选自动、开高频即可进行切割。

7）在主菜单下，选择“加工”，按回车键，再按“F”键、<F1>键，即自动寻找圆孔或方孔的中心，完成后显示X、Y行程和圆孔半径。按<Ctrl>键和箭头键，则碰边后停，停止后显示X、Y行程。

3.3.3 计划

根据任务内容制订小组任务计划，简要说明任务实施过程的步骤及注意事项。填写DK7732型数控线切割机床的基本操作计划单（表3-22中）

表3-22 DK7732型数控电火花线切割机床的基本操作计划单

学习领域	电火花加工技术			
学习情境3	数控电火花线切割机床操作		学时	15学时
任务3.3	DK7732型数控电火花线切割机床的基本操作		学时	5学时
计划方式	小组讨论			
序号	实施步骤	使用资源		
制订计划说明				
计划评价	评语：			
班级		第　　组	组长签字	
教师签字			日期	

3.3.4 决策

各小组之间讨论工作计划的合理性和可行性，进行计划方案讨论，选定合适的工作计划，进行决策，填写DK7732型数控电火花线切割机床的基本操作决策单（表3-23）。

表 3-23　DK7732 型数控电火花线切割机床的基本操作决策单

<table>
<tr><td>学习领域</td><td colspan="7">电火花加工技术</td></tr>
<tr><td>学习情境 3</td><td colspan="5">数控电火花线切割机床操作</td><td>学时</td><td>15 学时</td></tr>
<tr><td>任务 3.3</td><td colspan="5">DK7732 型数控电火花线切割机床的基本操作</td><td>学时</td><td>5 学时</td></tr>
<tr><td colspan="6">方案讨论</td><td>组号</td><td></td></tr>
<tr><td rowspan="16">方案决策</td><td>组别</td><td>步骤顺序性</td><td>步骤合理性</td><td>实施可操作性</td><td>选用工具合理性</td><td colspan="2">原因说明</td></tr>
<tr><td>1</td><td></td><td></td><td></td><td></td><td colspan="2"></td></tr>
<tr><td>2</td><td></td><td></td><td></td><td></td><td colspan="2"></td></tr>
<tr><td>3</td><td></td><td></td><td></td><td></td><td colspan="2"></td></tr>
<tr><td>4</td><td></td><td></td><td></td><td></td><td colspan="2"></td></tr>
<tr><td>5</td><td></td><td></td><td></td><td></td><td colspan="2"></td></tr>
<tr><td>1</td><td></td><td></td><td></td><td></td><td colspan="2"></td></tr>
<tr><td>2</td><td></td><td></td><td></td><td></td><td colspan="2"></td></tr>
<tr><td>3</td><td></td><td></td><td></td><td></td><td colspan="2"></td></tr>
<tr><td>4</td><td></td><td></td><td></td><td></td><td colspan="2"></td></tr>
<tr><td>5</td><td></td><td></td><td></td><td></td><td colspan="2"></td></tr>
<tr><td>1</td><td></td><td></td><td></td><td></td><td colspan="2"></td></tr>
<tr><td>2</td><td></td><td></td><td></td><td></td><td colspan="2"></td></tr>
<tr><td>3</td><td></td><td></td><td></td><td></td><td colspan="2"></td></tr>
<tr><td>4</td><td></td><td></td><td></td><td></td><td colspan="2"></td></tr>
<tr><td>5</td><td></td><td></td><td></td><td></td><td colspan="2"></td></tr>
<tr><td>方案评价</td><td colspan="7">评语：（根据组内的决策，对照计划进行修改并说明修改原因）</td></tr>
<tr><td>班级</td><td></td><td>组长签字</td><td></td><td>教师签字</td><td></td><td colspan="2">月　　日</td></tr>
</table>

3.3.5　实施

1. 实施准备

任务实施准备主要有场地准备、教学仪器（工具）准备、资料准备，见表 3-24。

表 3-24　DK7732 型数控电火花线切割机床的基本操作实施准备

学习情境 3	数控电火花线切割机床操作		学时	15 学时
任务 3.3	DK7732 型数控电火花线切割机床的基本操作		学时	5 学时
重点、难点	HL 系统的操作方法			
场地准备	特种加工实训室（多媒体）			
资料准备	1. 汤家荣．模具特种加工技术．北京：北京理工大学出版社，2010。 2. 张若锋，邓健平．数控加工实训．北京：机械工业出版社，2011。 3. 数控电火花线切割机床使用说明书。 4. 数控电火花线切割机床安全技术操作规程。			
教学仪器（工具）准备	数控电火花线切割机床			
教学组织实施				
实施步骤	组织实施内容	教学方法	学时	
1				
2				
3				
4				
5				

2. 实施任务

依据计划步骤实施任务，并完成作业单的填写。DK7732 型数控电火花线切割机床的基本操作作业单见表 3-25。

表 3-25　DK7732 型数控电火花线切割机床的基本操作作业单

学习领域	电火花加工技术		
学习情境 3	数控电火花线切割机床操作	学时	15 学时
任务 3.3	DK7732 型数控电火花线切割机床的基本操作	学时	5 学时
作业方式	小组分析、个人解答，现场批阅，集体评判		
1	试述 Operation. 3B 文件的调入操作步骤。		
作业解答：			

2	模拟切割及实际操作加工的步骤是什么?
作业解答:	
作业评价:	

班级		组别		组长签字
学号		姓名		教师签字
教师评分		日期		

3.3.6 检查评价

学生完成本学习任务后，应展示的结果有完成的计划单、决策单、作业单、检查单、评价单。

1. DK7732型数控电火花线切割机床的基本操作检查单（表3-26）

表 3-26　DK7732 型数控电火花线切割机床的基本操作检查单

学习领域	电火花加工技术			
学习情境 3	数控电火花线切割机床操作		学时	15 学时
任务 3.3	DK7732 型数控电火花线切割机床的基本操作		学时	5 学时
序号	检查项目	检查标准	学生自查	教师检查
1	任务书阅读与分析能力，正确理解及描述目标要求	准确理解任务要求		
2	与同组同学协商，确定人员分工	较强的团队协作能力		
3	查阅资料能力，市场调研能力	较强的资料检索能力和市场调研能力		
4	资料的阅读、分析和归纳能力	较强的分析报告撰写能力		
5	检查模拟切割	方法是否合理		
6	安全生产与环保	符合“5S”要求		
7	检查文件调入	操作是否正确		
检查评价	评语：			
班级		组别		组长签字
教师签字			日期	

2. DK7732 型数控电火花线切割机床的基本操作评价单（表 3-27）

表 3-27　DK7732 型数控电火花线切割机床的基本操作评价单

学习领域	电火花加工技术				
学习情境 3	数控电火花线切割机床操作			学时	15 学时
任务 3.3	DK7732 型数控电火花线切割机床的基本操作			学时	5 学时

评价类别	评价项目	子项目	个人评价	组内互评	教师评价
专业能力（60%）	资讯（8%）	搜集信息（4%）			
		引导问题回答（4%）			
	计划（5%）	计划可执行度（5%）			
	实施（12%）	工作步骤执行（3%）			
		功能实现（3%）			
		质量管理（2%）			
		安全保护（2%）			
		环境保护（2%）			
	检查（10%）	全面性、准确性（5%）			
		异常情况排除（5%）			
	过程（15%）	使用工具规范性（7%）			
		操作过程规范性（8%）			
	结果（5%）	结果质量（5%）			
	作业（5%）	作业质量（5%）			
社会能力（20%）	团结协作（10%）				
	敬业精神（10%）				
方法能力（20%）	计划能力（10%）				
	决策能力（10%）				
评价评语	评语：				

班级		组别		学号		总评	
教师签字			组长签字		日期		

3.3.7 实践中常见问题解析

1. 导轮槽磨损严重或导轮轴承磨损，造成导轮轴向圆跳动和径向圆跳动，从而引起电极丝运行不稳、抖动剧烈，造成断丝。解决方法为：检查导轮紧定螺钉是否松动，拧紧紧定螺钉或更换新的导轮和轴承。装配时应注意导轮轴承间两个隔套应比外隔套低，装配好的导轮应转动灵活，无阻挠感，并且应消除轴承的径向圆跳动和轴向圆跳动，装配时不得敲击导轮工作面，否则会造成导轮破裂报废。

2. 工件材料内应力过大，造成切缝边窄，当切缝小于丝径时，会夹断电极丝。解决方法：对工件毛坯进行冷、热时效处理，在工艺安排上要消除工件残余应力。同时，还要采用一些减小工件内应力引起变形的工艺方法，以及合理安排切割起点、切割路径，预先在工件毛坯需要去除的材料部分打孔或采用机械加工去除一部分材料等。

3. 工件毛坯平磨后，剩磁会增加工件内应力的不均匀，同时加工时不利于排屑，造成频繁短路，易造成断丝，所以平磨后的工件应充分去磁。

学习情境4

数控电火花线切割加工

【学习目标】

学生应在教师的讲解和引导下，了解电火花线切割加工的工艺过程；掌握电火花线切割加工的常规步骤；了解电火花线切割加工的工艺技巧。

【工作任务】

1. 六方套的数控电火花线切割加工。
2. 少齿数齿轮的数控电火花线切割加工。
3. 冲裁模凹模零件的数控电火花线切割加工。

【情境描述】

电火花线切割加工属于电火花加工的范畴，其原理、特点与电火花成形加工有类似之处，但又有其特殊的一面。通过本学习情境3个学习任务：六方套的数控电火花线切割加工、少齿数齿轮的数控电火花线切割加工、冲裁模凹模零件的数控电火花线切割加工，学生应掌握电火花线切割加工。

电火花线切割加工不用成形的工具电极，而是利用一个连续地沿着其轴线行进的细金属丝作为工具电极，并在金属丝与工件间通以脉冲电流，使工件产生电蚀而来加工的。电火花线切割加工前需要准备好零件毛坯、压板、夹具等，然后按步骤操作。

任务4.1 六方套的数控电火花线切割加工

4.1.1 任务描述

六方套的数控电火花线切割加工任务单见表4-1。

表 4-1　六方套的数控电火花线切割加工任务单

<table>
<tr><td>学习领域</td><td colspan="5">电火花加工技术</td></tr>
<tr><td>学习情境 4</td><td colspan="3">数控电火花线切割加工</td><td>学时</td><td>20 学时</td></tr>
<tr><td>任务 4.1</td><td colspan="3">六方套的数控电火花线切割加工</td><td>学时</td><td>6 学时</td></tr>
<tr><td colspan="6">布置任务</td></tr>
<tr><td>学习目标</td><td colspan="5">具备操作数控电火花线切割机床加工零件内、外轮廓的能力。</td></tr>
<tr><td>任务描述</td><td colspan="5">图 4-1 所示为六方套零件图，材料为 45 钢，经过热处理后硬度为40 ~ 45HRC，在数控电火花线切割机床上加工键槽和六方形。该零件主要尺寸如图 4-1 所示。 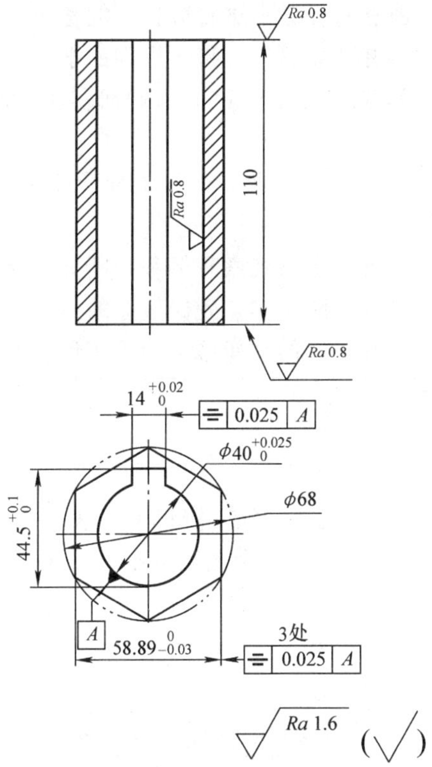
图 4-1　六方套零件</td></tr>
<tr><td>任务分析</td><td colspan="5">本任务是数控电火花线切割加工的基本内容，要完成该加工任务，首先需要学习相关的电火花线切割加工的工艺和常用编程指令，然后完成加工任务。</td></tr>
<tr><td rowspan="2">学时安排</td><td>资讯</td><td>计划</td><td>决策</td><td>实施</td><td>检查评价</td></tr>
<tr><td>1 学时</td><td>0. 5 学时</td><td>0. 5 学时</td><td>3 学时</td><td>1 学时</td></tr>
</table>

提供资料	1. 汤家荣．模具特种加工技术．北京：北京理工大学出版社，2010。 2. 杨武成．特种加工．西安：西安电子科技大学出版社，2009。 3. 张若锋，邓健平．数控加工实训．北京：机械工业出版社，2011。 4. 周晓宏．数控加工工艺与设备．北京：机械工业出版社，2011。 5. 周湛学，刘玉忠．数控电火花加工及实例详解．北京：化学工业出版社，2013。 6. 刘晋春，等．特种加工．北京：机械工业出版社，2007。 7. 廖慧勇．数控加工实训教程．成都：西南交通大学出版社，2007。 8. 刘虹．数控加工编程及操作．北京：机械工业出版社，2011。 9. 陈江进，雷黎明．数控加工编程与操作．北京：国防工业出版社，2012。
对学生的要求	1. 能够对任务书进行分析，能够正确理解和描述目标要求。 2. 具有独立思考、善于提问的学习习惯。 3. 具有查询资料和市场调研能力，具备严谨求实和开拓创新的学习态度。 4. 能够执行企业“5S”质量管理体系要求，具备良好的职业意识和社会能力。 5. 具备一定的观察理解和判断分析能力。 6. 具有团队协作、爱岗敬业的精神。 7. 具有一定的创新思维和勇于创新的精神。

4.1.2 资讯

1. 六方套的数控电火花线切割加工资讯单（表4-2）。

表4-2 六方套的数控电火花线切割加工资讯单

学习领域	电火花加工技术		
学习情境4	数控电火花线切割加工	学时	20学时
任务4.1	六方套的数控电火花线切割加工	学时	6学时
资讯方式	实物、参考资料		
资讯问题	1. 什么是快走丝和慢走丝电火花线切割机床？试说明它们之间的特点有什么不同。 2. 数控电火花线切割加工的工艺准备包括哪些内容？ 3. 数控电火花线切割加工用程序有哪些格式？各用于哪些机床？		
资讯引导	1. 问题1参阅信息单及陈江进和雷黎明主编的《数控加工编程与操作》相关内容。 2. 问题2参阅信息单及张若锋和邓健平主编的《数控加工实训》相关内容。 3. 问题3参阅信息单、刘虹主编的《数控加工编程及操作》相关内容。		

2. 六方套的数控电火花线切割加工信息单（表4-3）。

表4-3　六方套的数控电火花线切割加工信息单

学习领域	电火花加工技术		
学习情境4	数控电火花线切割加工	学时	20学时
任务4.1	六方套的数控电火花线切割加工	学时	6学时
序号	信息内容		
一	电火花线切割加工概述内容引导		

电火花线切割加工（Wire Cut EDM，WEDM）是在电火花加工基础上发展起来的一种新的工艺形式，是用线状电极（铜丝或钼丝）靠火花放电对工件进行切割，有时简称线切割。

1. 电火花线切割加工的基本原理

电火花线切割加工的基本原理是利用连续移动的细金属丝（铜丝或钼丝）作为工具电极（接高频脉冲电源的负极），对工件（接高频脉冲电源的正极）进行脉冲火花放电、切割成形。

根据电极丝的运行速度，电火花线切割机床通常分为两大类：一类是高速走丝电火花线切割机床（WEDM-HS），这类机床的电极丝做高速往复运动，一般走丝速度为8～12m/s，这是我国生产和使用的主要机种，快走丝加工也是我国独创的电火花线切割加工模式；另一类是低速走丝电火花线切割机床（WEDM-LS），这类机床的电极丝做低速单向运动，一般走丝速度为0.2m/s，这是国外生产和使用的主要机种。

图4-2所示为高速走丝电火花线切割工艺装置的示意图。利用细钼丝4作为工具电极进行切割，储丝筒7使钼丝做正反向交替移动，加工能量由脉冲电源3供给。在电极丝和工件2之间浇注工作液，使加工中的电蚀产物由循环流动的工作液带走。工作台在水平面两个坐标方向各自按预定的控制程序，根据火花间隙状态做伺服进给移动，从而合成各种曲线轨迹，把工件切割成形。

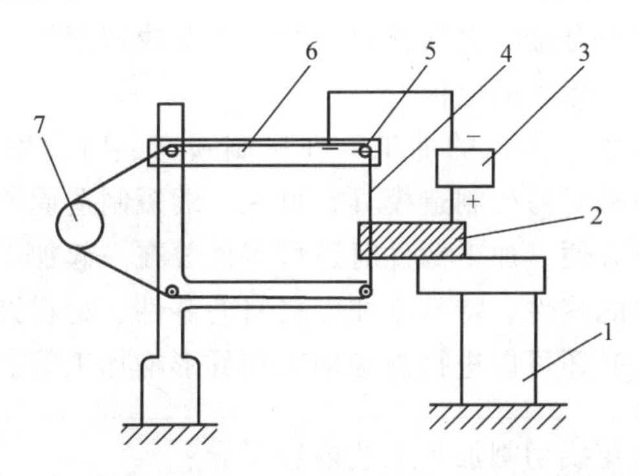

图4-2　高速走丝电火花线切割工艺及装置示意图

1—绝缘底板　2—工件　3—脉冲电源　4—钼丝

5—导轮　6—支架　7—储丝筒

2. 电火花线切割的特点

电火花线切割具有电火花加工的共性，金属材料的硬度和韧性并不影响加工速度，常用于加工淬火钢和硬质合金；对非金属材料的电火花线切割加工研究，目前正在进行之中。当前绝大多数的电火花线切割机床都采用数字程序控制，其工艺特点如下所述：

1）不需要像电火花成形加工那样制造特定形状的工具电极，而是采用直径不等的细金属丝（铜丝或钼丝等）作为工具电极，因此切割用的刀具简单，大大减少生产准备工作时间。

2）利用计算机辅助制图自动编程软件编程，可方便地加工复杂形状的直纹表面。

3）电极丝直径较细（$\phi0.025 \sim \phi0.3$mm），切缝很窄，这样不仅有利于材料的利用，而且适合加工微细异形孔和窄缝等细小零件。

4）电极丝在加工中是移动的，不断更新（低速走丝）或往复使用（高速走丝），可以完全或短时间不用考虑电极丝损耗对加工精度的影响。

5）依靠计算机对电极丝轨迹的控制和偏移轨迹的计算，可方便地调整凹凸模具的配合间隙，依靠锥度切割功能，还有可能实现凹凸模一次加工成形。

6）对于粗、半精、精加工，只需要调整电参数，操作方便、自动化程度高。

7）加工对象主要是平面形状，台阶不通孔型零件还无法进行加工。如果机床具有使电极丝做相应倾斜运动的功能，可实现锥面加工。

8）当零件无法从周边切入时，工件上需钻穿丝孔。

3. 电火花线切割的加工应用

数控电火花线切割加工为新产品试制、精密零件及模具加工开辟了一条新的途径，主要应用于以下几个方面：

（1）模具加工　适用于各种形状的冲裁模，调整不同的间隙补偿量，只需一次编程就可以切割出凸模、凸模固定板、凹模、凹模固定板、凹模卸料板等，模具配合间隙、加工精度一般都能达到要求。此外，还可加工挤压模、粉末冶金模、弯曲模、塑压模等各种类型的模具。

（2）电火花成形加工用电极的加工　一般穿孔加工用的电极以及带锥度型腔加工用的电极，若采用铜钨、银钨合金之类的材料，用电火花线切割加工特别经济。电火花线切割也适用于加工微细、复杂形状的电极。

（3）新产品试制及难加工零件的加工　在试制新产品时，用电火花线切割在板料上直接切割出零件，由于不需要另行制造模具，可大大缩短制造周期，降低成本，同时修改设计、变更加工程序比较方便，加工薄件时还可多件叠在一起加工。在零件制造方面，可用于加工品种多但数量少的零件、特殊难加工材料的零件、材料试验样件、各种型孔、凸轮、样板、成形刀具，同时还可以进行微细加工和异形槽加工等。

二	数控电火花线切割加工工艺内容引导

在设计零件的数控电火花切割加工工艺时，必须兼顾数控和电火花线切割两方面的特点和要求。

1. 图样分析

编程前需要对零件图进行分析，明确加工要求。根据零件加工精度的要求，合理确定数控电火花线切割加工的有关工艺参数。对于有凹角或尖角的零件，要说明拐角处的过渡圆弧半径，这是因为数控电火花线切割加工的凹角只能是圆角。另外还需要分析零件的形状及热处理后的状态，应考虑其在加工过程中是否会变形，以便在加工前采取措施，制订合理的加工路线。

2. 工艺基准的选择

遵循基准重合原则，应尽量使定位基准与设计基准重合，以保证工件安装位置正确。电极丝的定位基准可选择相关的一些工艺基准。例如以底平面为主要工艺基准的工件，可选择与底面垂直的侧面作为电极丝的定位基准。

3. 加工路线的选择

在加工中，工件内部应力的释放会引起工件的变形，因此加工路线的选择应注意以下几方面：

1）避免从工件端面开始加工，应将起点选在穿丝孔中，如图 4-3 所示。

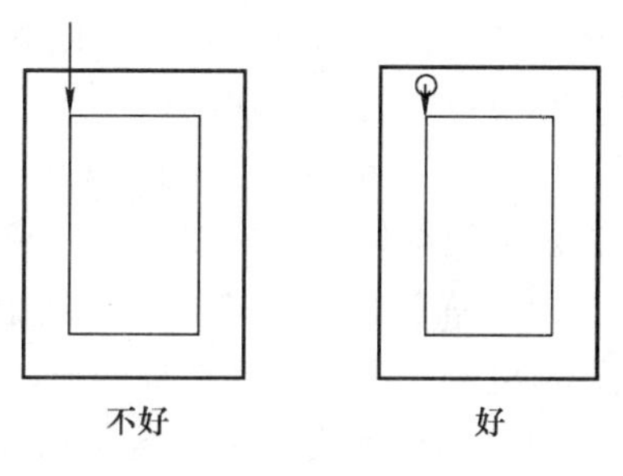

图 4-3　加工路线选择（一）

2）加工路线应向远离工件夹具的方向进行，最后再转向夹具方向，且距离端面应大于 5mm，如图 4-4所示。

3）在一块毛坯上要切割出两个以上零件时，不应连续一次性切割出来，而应从不同穿丝孔开始加工，如图 4-5 所示。

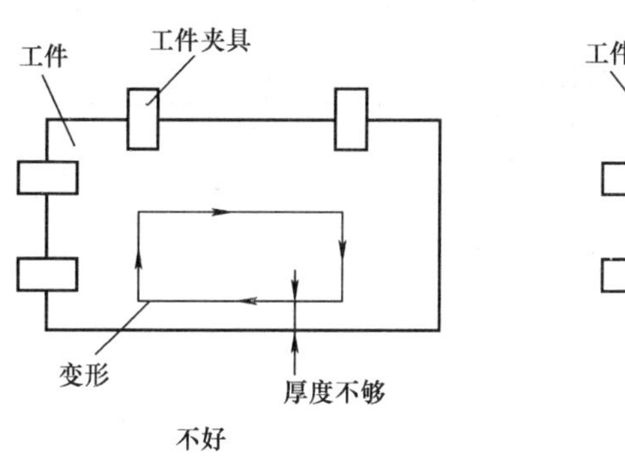

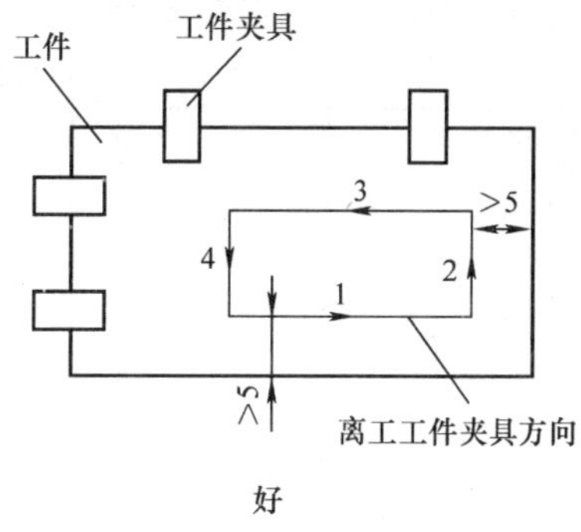

图 4-4　加工路线选择（二）

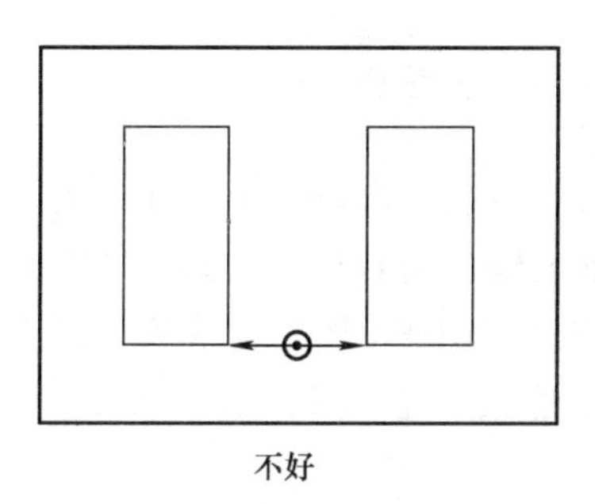

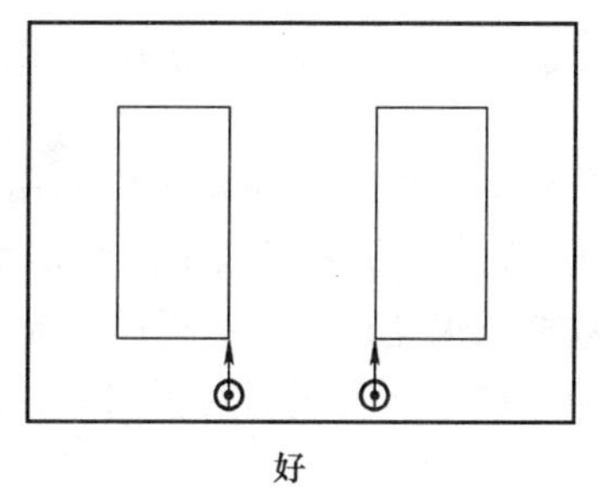

图 4-5　加工路线选择（三）

4. 穿丝孔位置的确定

切割凸模及大型凹模类零件时，穿丝孔应设在加工起点附近、加工轨迹拐角处，或在已知坐标点上，以简化编程轨迹计算。切割小型凹模类及孔类零件时，穿丝孔设在工件对称中心较为方便。

5. 工艺参数的选择

工艺参数主要包括脉冲宽度、脉冲间隔、峰值电流等电参数，以及进给速度、走丝速度等机械参数。在加工中应综合考虑各参数对加工质量的影响，合理地选择加工参数，在保证加工精度的前提下，提高生产率，降低加工成本。

（1）脉冲宽度　脉冲宽度是指脉冲电流的持续时间。脉冲宽度与放电量成正比，脉冲宽度越宽，切割效率越高，但电蚀产物也随之增加。如果不能及时排出电蚀产物则会使加工不稳定，表面粗糙度值增大。

（2）脉冲间隔　脉冲间隔是指两个相邻脉冲之间的时间。脉冲间隔增大，有利于加工稳定，但会使切割速度下降。减小脉冲间隔，可提高切割速度，但对排屑不利。

（3）峰值电流　峰值电流是指放电电流的最大值。合理增大峰值电流可提高切割速度，但电流过大，容易造成断丝。

（4）进给速度　工作台进给速度太快，容易产生短路和断丝；进给速度太慢，会产生二次放电，影响工件表面质量。因此加工时，必须使工作台的进给速度和工件放电的速度相当。

（5）走丝速度　一般情况下根据工件厚度和切割速度来确定走丝速度。

快走丝线切割加工电参数的选择见表 4-3-1。

表 4-3-1　快走丝线切割加工电参数的选择

应　用	脉冲宽度 $t_i/\mu s$	电流峰值 I_e/A	脉冲间隔 $t_0/\mu s$	空载电压/V
快速切割或加工大厚度工件 $Ra > 2.5\mu m$	20 ~ 40	> 12	为实现稳定加工，一般选择 t_0/t_i 为 3 ~ 4 以上	一般为 70 ~ 90
半精加工 $Ra = 1.25 \sim 2.5\mu m$	6 ~ 20	6 ~ 12		
精加工 $Ra < 1.25\mu m$	2 ~ 6	< 4.8		

三	数控电火花线切割机床的程序编制方法引导

数控电火花线切割机床的编程主要采用以下三种格式编写：3B 格式、4B 格式、ISO 代码格式。3B 格式、4B 格式是较早的线切割系统的编程格式；ISO 代码格式是国际标准代码格式，是数控电火花线切割编程的主流格式。由于 3B、4B 代码格式应用仍然比较广泛，目前生产的数控电火花线切割机床一般都能接受这几种格式的程序。下面介绍 3B 格式的程序编制 。

3B 格式无间隙补偿的程序指令格式见表 4-3-2。

表 4-3-2　3B 程序指令格式

B	X	B	Y	B	J	G	Z
分隔符号	X 坐标值	分隔符号	Y 坐标值	分隔符号	计数长度	计数方向	加工指令

1）X、Y、J 均为数字，用分隔符号 B 将其隔开，以免混淆。

2）坐标值 X、Y 为直线的终点或圆弧起点坐标，编程时均取绝对值，单位为 μm。

3）对于计数方向，当计 X 时，选取 X 方向进给总长度进行计数，用 GX 表示；当计 Y 时，选取 Y 方向进给总长度进行计数，用 GY 表示。

加工直线时，计数方向按图 4-6 所示选取。以直线的起点为切割坐标系的原点，直线终点坐标（X_e、Y_e）落在阴影区域内，计数方向取 GY；直线终点坐标（X_e、Y_e）落在阴影区域外，计数方向取 GX；直线终点正好在 45°线上时，计数方向可任意选取。

加工圆弧时，计数方向按图 4-7 所示选取。以圆弧的圆心为切割坐标系的原点，圆弧的终点坐标（X_e、Y_e）落在阴影区域内，计数方向取 GX；圆弧终点坐标（X_e、Y_e）落在阴影区域外，计数方向取 GY；圆弧终点正好在 45°线上时，计数方向可任意选取。

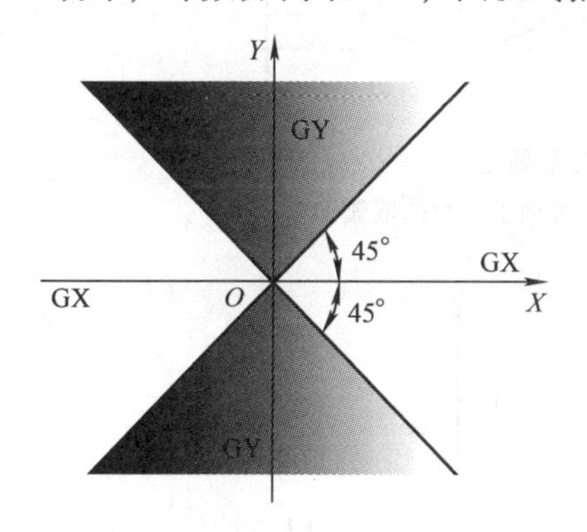

图 4-6　直线加工的计数方向

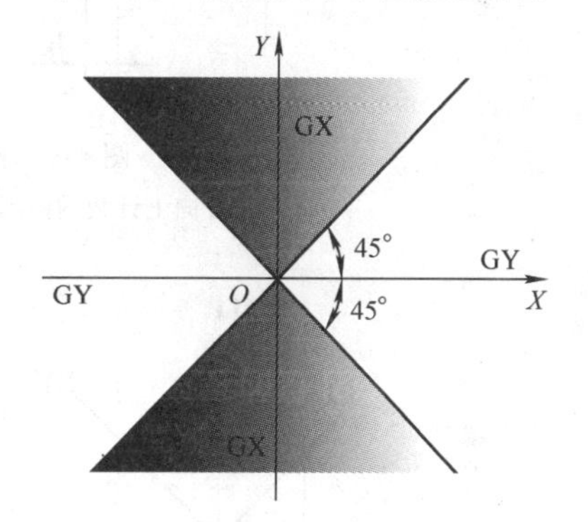

图 4-7　圆弧加工的计数方向

4）计数长度指被加工图形在计数方向上的投影长度（即绝对值）的总和，以 μm 为单位。编程时，计数长度应补足六位数，如计数长度为 1988μm，应写成 001988。

加工直线时，计数长度等于该直线在计数方向上的投影长度。例如，加工图 4-8 所示直线 OA，其终点为 A（X_e、Y_e），OA 直线与 X 轴夹角大于 45°，故计数方向取 GY，直线 OA 在 Y 轴上的投影长度为 Y_e，即 $J=Y_e$。

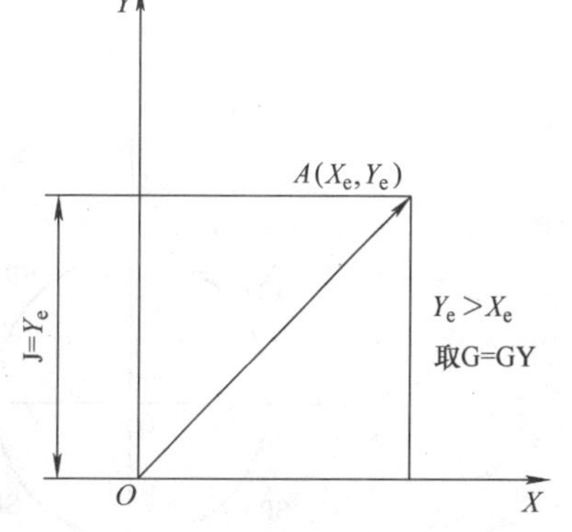

图 4-8　直线的计数长度确定

加工圆弧时，应将该圆弧以坐标象限分段，计数长度等于各分段圆弧在计数方向上的投影长度的总和。例如，加工图 4-9a 所示的圆弧，加工起点 A 在第四象限，终点 B（X_B、Y_B）在第一象限，因为 $|Y_B|>|X_B|$，故计数方向取 GX，计数长度为各象限中的圆弧段在 X 轴上投影长度的总

和，即 $J = J_{X1} + J_{X2}$。加工图 4-9b 所示圆弧，因 $|X_B| > |Y_B|$，故计数方向取 GY，J 为各象限的圆弧段在 Y 轴上投影长度的总和，即 $J = J_{Y1} + J_{Y2} + J_{Y3}$。

5）加工指令是用来表达被加工图形的形状、所在象限和加工方向等信息的。加工指令共 12 种，如图 4-10 所示。

① 加工直线的加工指令按直线走向和终点所在象限分别用 L1、L2、L3、L4 表示，如图 4-10a 所示。

② 与坐标轴相重合的直线，根据进给方向，其加工指令可按图 4-10b 选取。

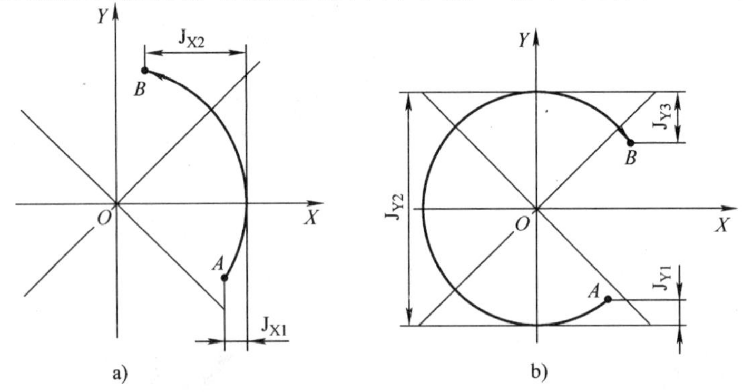

图 4-9　圆弧的计数长度确定

a）GX 方向上计数的圆弧加工　b）GY 方向上计数的圆弧加工

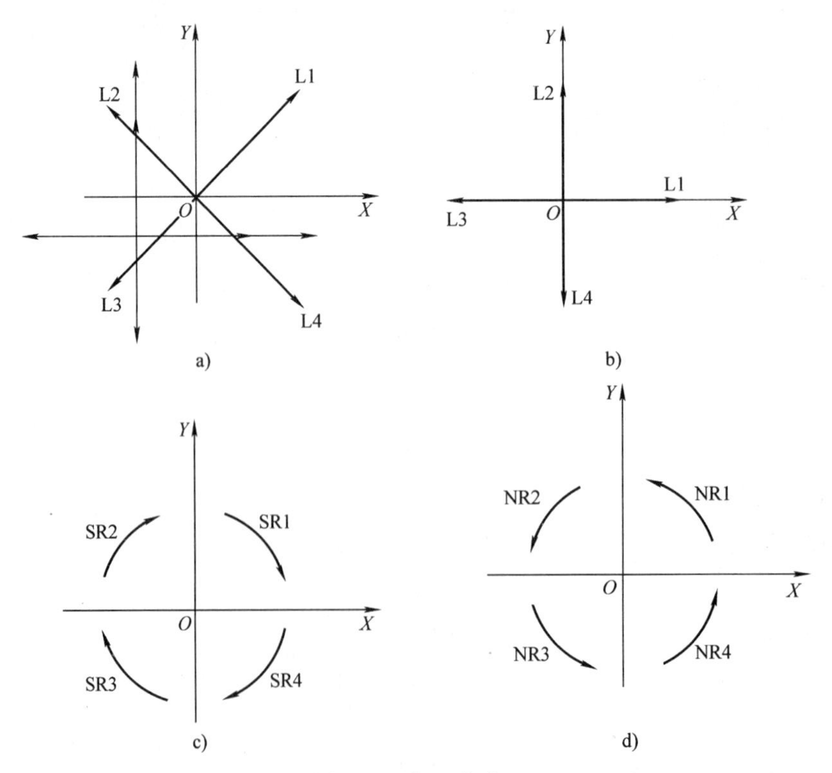

图 4-10　加工指令

a）直线加工指令　b）坐标轴上直线加工指令　c）顺时针圆弧加工指令　d）逆时针圆弧加工指令

③ 加工圆弧时，若被加工圆弧的加工起点分别在坐标系的四个象限中，并按顺时针方向插补，如图 4-10c 所示，加工指令分别用 SR1、SR2、SR3、SR4 表示；按逆时针方向插补时，分别用 NR1、NR2、NR3、NR4 表示，如图 4-10d 所示。

④ 如加工起点刚好在坐标轴上，其指令可选相邻两象限中的任何一个。

编程时，应将工件加工图形分解成各圆弧与各直线段，然后逐段编写程序。由于大多数机床通常都只具有直线和圆弧插补运算的功能，所以对于非圆曲线段，应采用数学的方法，用一段一段的直线或小段圆弧去逼近非圆曲线段。

四	数控电火花线切割加工步骤、方法引导

1. 数控电火花线切割加工工艺处理及计算

（1）工件装夹　加工六方套所用的毛坯直径为 ϕ72mm，经过车床加工，外圆已经变小，直径最大约为 ϕ70mm。这样，在线切割机床上加工时，工件装夹位置比较小，而且又经过热处理，工件内部产生了内应力，加工过程中工件会产生变形和移动。

为了保证工件加工质量，采用图 4-11 所示的装夹方法：两面支撑单面装夹，工件 4 由工作台支撑板 1、2 支撑。刚开始加工时，采用图 4-11a 所示的装夹方法。支承板 1 和工件接触面积比较大，但是支撑板 1 的位置不超过零件的内孔，以便于线切割加工键槽时钼丝找正。支撑板 2 的支撑面小，应在六方套的外部支撑，防止切割到支撑板 2。用压板组件 3 在支撑板 1 上压紧，在保证工件不能移动的条件下，支撑板 2 在无间隙或间隙比较小（小于 0.015 mm）的情况下能够滑动。在加工过程中，如果工件产生变形，则由于采用单面压紧，线切割加工的废料可以自由移动，从而保证了所加工的工件不产生移动。当加工过半时，采用图 4-11b 所示的装夹方法，移动支撑板 2，使支撑板 2 与工件大面积接触，并用压板组件 5 在支撑板 2 上压紧，去掉压板组件 3，移动工作台支撑板 1，移动的距离必须保证支撑板 1 能够支撑到工件而又不能破坏支撑板 1。

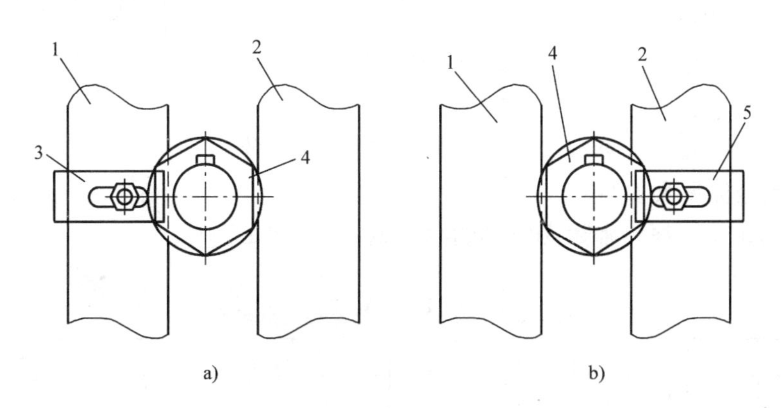

图 4-11　工件装夹

1、2—工作台支撑板　3、5—压板组件　4—工件

（2）选择钼丝起始位置和切入点　当切割键槽时，钼丝在内孔 ϕ40mm 的圆心切入；当切割外形时，钼丝在坯料外部切入。

（3）确定切割路线　切割路线如图4-12所示，箭头所指方向为切割路线方向。先切割键槽，后切割外形。在切割外形时，由于需要移动工作台支撑板，为防止由于工件移动造成短路和断丝，可在移动支撑板2前，把钼丝停在坯料的外部，同时也把所切的废料去除掉。

（4）计算平均尺寸　平均尺寸如图4-13所示。键槽和外形表面粗糙度要求高，工件加工完成后需要进行抛光处理，电火花线切割加工需要预留抛光量。

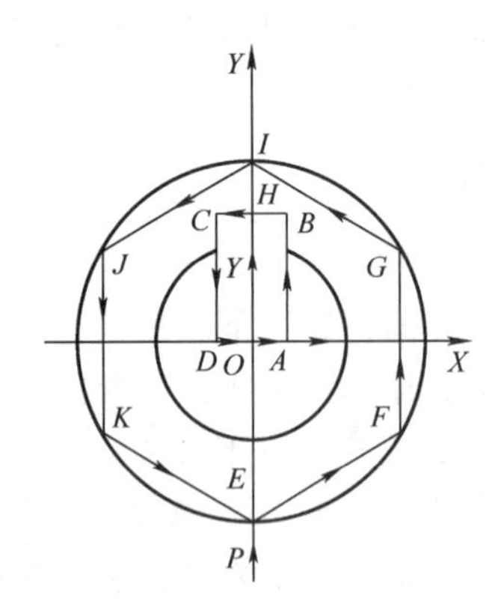

图4-12　切割路线

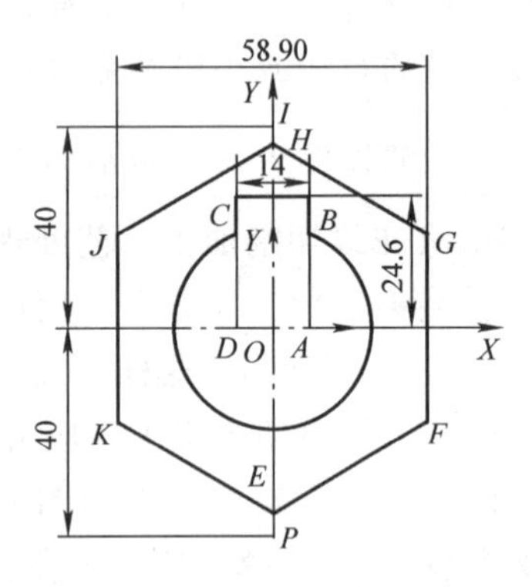

图4-13　平均尺寸与坐标系建立

（5）确定计算坐标系　为了以后计算点的坐标方便，直接选取ϕ40mm的圆心作为坐标系的原点，建立坐标系，如图4-13所示。

（6）确定偏移量　选择直径为ϕ0.18mm的钼丝，单面放电间隙为0.01mm，钼丝中心偏移量为

$$f=\frac{0.18}{2}\text{mm}+0.01\text{mm}=0.1\text{mm}$$

2. 编制加工程序

（1）计算钼丝中心轨迹及各交点的坐标　钼丝中心轨迹如图4-14所示双点画线，相对于工件平均尺寸偏移一个垂直距离。通过几何计算或CAD查询可得到各交点的坐标，各交点坐标见表4-3-3。

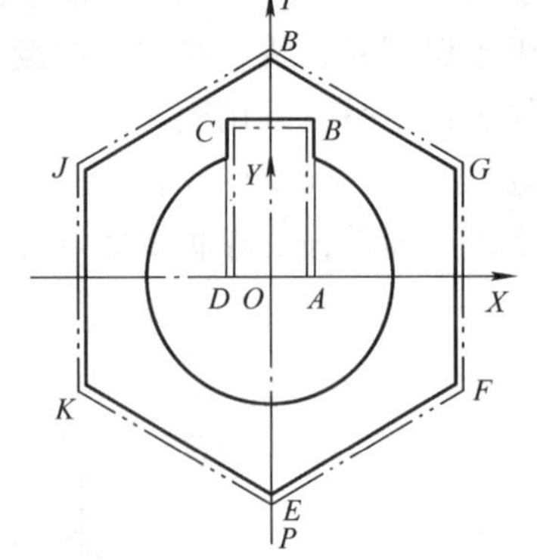

图4-14　钼丝中心轨迹

（2）编写加工程序　采用3B格式代码编程编写加工程序。

表4-3-3　钼丝中心轨迹各交点坐标

交　点	X	Y	交　点	X	Y
O	0	0	F	29.545	-17.058
A	6.9	0	G	29.545	17.058
B	6.9	24.5	H	0	34.115
C	-6.9	24.5	I	0	40
D	-6.9	0	J	-29.545	17.058
P	0	-40	K	-29.545	-17.058
E	0	-34.115			

3. 加工零件

（1）钼丝起始点的确定　把调整好垂直度的钼丝走至 $\phi40^{+0.025}_{0}$mm 的孔内，在所切割键槽的位置上火花放电，再次验证钼丝的垂直度，确保无误后，采用电火花线切割自动找中心的功能找正 $\phi40^{+0.025}_{0}$mm 的圆心。为减少误差，可以电火花采用多次找圆心的方法求出钼丝的平均位置。

（2）选择电参数　电压：75～85V；脉冲宽度：28～40μs；脉冲间隔：6～8μs；电流：2.8～3.5A。

（3）工作液的选择　选择 DX—2 油基型乳化液，与水的质量配比约为 1:15。

（4）加工零件　钼丝起始位置确定后，开始加工，键槽加工完成后，拆卸钼丝，空走至切割外形的起始点 *P*；重新装上钼丝加工，当加工到点 *J* 时，加工暂停；按照前面所叙述的方法移动工作台支撑板，重新装夹工件，装夹完毕后，重新开始加工，直至加工结束。

4.1.3　计划

根据任务内容制订小组任务计划，简要说明任务实施过程的步骤及注意事项。填写六方套的数控电火花线切割加工计划单（表 4-4）。

表 4-4　六方套的数控电火花线切割加工计划单

学习领域	电火花加工技术			
学习情境 4	数控电火花线切割加工		学时	20 学时
任务 4.1	六方套的数控电火花线切割加工		学时	6 学时
计划方式	小组讨论			
序号	实施步骤		使用资源	
制订计划说明				
计划评价	评语：			
班级		第　　组	组长签字	
教师签字			日期	

4.1.4 决策

各小组之间讨论工作计划的合理性和可行性，进行计划方案讨论，选定合适的工作计划，进行决策，填写六方套的数控电火花线切割加工决策单（表4-5）。

表4-5 六方套的数控电火花线切割加工决策单

<table>
<tr><td>学习领域</td><td colspan="7">电火花加工技术</td></tr>
<tr><td>学习情境4</td><td colspan="5">数控电火花线切割加工</td><td>学时</td><td>20学时</td></tr>
<tr><td>任务4.1</td><td colspan="5">六方套的数控电火花线切割加工</td><td>学时</td><td>6学时</td></tr>
<tr><td></td><td colspan="5">方案讨论</td><td>组号</td><td></td></tr>
<tr><td rowspan="16">方案决策</td><td>组别</td><td>步骤
顺序性</td><td>步骤
合理性</td><td>实施可
操作性</td><td>选用工具
合理性</td><td colspan="2">原因说明</td></tr>
<tr><td>1</td><td></td><td></td><td></td><td></td><td colspan="2"></td></tr>
<tr><td>2</td><td></td><td></td><td></td><td></td><td colspan="2"></td></tr>
<tr><td>3</td><td></td><td></td><td></td><td></td><td colspan="2"></td></tr>
<tr><td>4</td><td></td><td></td><td></td><td></td><td colspan="2"></td></tr>
<tr><td>5</td><td></td><td></td><td></td><td></td><td colspan="2"></td></tr>
<tr><td>1</td><td></td><td></td><td></td><td></td><td colspan="2"></td></tr>
<tr><td>2</td><td></td><td></td><td></td><td></td><td colspan="2"></td></tr>
<tr><td>3</td><td></td><td></td><td></td><td></td><td colspan="2"></td></tr>
<tr><td>4</td><td></td><td></td><td></td><td></td><td colspan="2"></td></tr>
<tr><td>5</td><td></td><td></td><td></td><td></td><td colspan="2"></td></tr>
<tr><td>1</td><td></td><td></td><td></td><td></td><td colspan="2"></td></tr>
<tr><td>2</td><td></td><td></td><td></td><td></td><td colspan="2"></td></tr>
<tr><td>3</td><td></td><td></td><td></td><td></td><td colspan="2"></td></tr>
<tr><td>4</td><td></td><td></td><td></td><td></td><td colspan="2"></td></tr>
<tr><td>5</td><td></td><td></td><td></td><td></td><td colspan="2"></td></tr>
<tr><td>方案评价</td><td colspan="7">评语：（根据组内的决策，对照计划进行修改并说明修改原因）</td></tr>
<tr><td>班级</td><td></td><td>组长签字</td><td></td><td>教师签字</td><td></td><td colspan="2">月　　日</td></tr>
</table>

4.1.5 实施

1. 实施准备

任务实施准备主要有场地准备、教学仪器（工具）准备、资料准备，见表4-6。

表4-6 六方套的数控电火花线切割加工实施准备

<table>
<tr><td>学习情境4</td><td colspan="2">数控电火花线切割加工</td><td>学时</td><td>20学时</td></tr>
<tr><td>任务4.1</td><td colspan="2">六方套的数控电火花线切割加工</td><td>学时</td><td>6学时</td></tr>
<tr><td>重点、难点</td><td colspan="4">线切割加工步骤方法</td></tr>
<tr><td>场地准备</td><td colspan="4">特种加工实训室（多媒体）</td></tr>
<tr><td>资料准备</td><td colspan="4">1. 刘虹．数控加工编程及操作．北京：机械工业出版社，2011。
2. 陈江进，雷黎明．数控加工编程与操作．北京：国防工业出版社，2012。
3. 张若锋，邓健平．数控加工实训．北京：机械工业出版社，2011。
4. 数控电火花线切割机床使用说明书。
5. 数控电火花线切割机床安全技术操作规程。</td></tr>
<tr><td>教学仪器（工具）准备</td><td colspan="4">数控电火花线切割机床</td></tr>
<tr><td colspan="5">教学组织实施</td></tr>
<tr><td>实施步骤</td><td colspan="2">组织实施内容</td><td>教学方法</td><td>学时</td></tr>
<tr><td>1</td><td colspan="2"></td><td></td><td></td></tr>
<tr><td>2</td><td colspan="2"></td><td></td><td></td></tr>
<tr><td>3</td><td colspan="2"></td><td></td><td></td></tr>
<tr><td>4</td><td colspan="2"></td><td></td><td></td></tr>
<tr><td>5</td><td colspan="2"></td><td></td><td></td></tr>
</table>

2. 实施任务

依据计划步骤实施任务，并完成作业单的填写。六方套的数控电火花线切割加工作业单见表4-7。

表 4-7　六方套的数控电火花线切割加工作业单

<table>
<tr><td>学习领域</td><td colspan="5">电火花加工技术</td></tr>
<tr><td>学习情境 4</td><td colspan="3">数控电火花线切割加工</td><td>学时</td><td>20 学时</td></tr>
<tr><td>任务 4.1</td><td colspan="3">六方套的数控电火花线切割加工</td><td>学时</td><td>6 学时</td></tr>
<tr><td>作业方式</td><td colspan="5">小组分析、个人解答，现场批阅，集体评判</td></tr>
<tr><td></td><td colspan="5">编写图 4-1 所示零件的 3B 线切割程序。</td></tr>
<tr><td colspan="6">作业解答：</td></tr>
<tr><td colspan="6">作业评价：</td></tr>
<tr><td>班级</td><td></td><td>组别</td><td></td><td>组长签字</td><td></td></tr>
<tr><td>学号</td><td></td><td>姓名</td><td></td><td>教师签字</td><td></td></tr>
<tr><td>教师评分</td><td></td><td>日期</td><td colspan="3"></td></tr>
</table>

4.1.6 检查评价

学生完成本学习任务后，应展示的结果有完成的计划单、决策单、作业单、检查单、评价单。

1. 六方套的数控电火花线切割加工检查单（表4-8）。

表4-8 六方套的数控电火花线切割加工检查单

<table>
<tr><td>学习领域</td><td colspan="5">电火花加工技术</td></tr>
<tr><td>学习情境4</td><td colspan="3">数控电火花线切割加工</td><td>学时</td><td>20学时</td></tr>
<tr><td>任务4.1</td><td colspan="3">六方套的数控电火花线切割加工</td><td>学时</td><td>6学时</td></tr>
<tr><td>序号</td><td colspan="2">检查项目</td><td>检查标准</td><td>学生自查</td><td>教师检查</td></tr>
<tr><td>1</td><td colspan="2">任务书阅读与分析能力，正确理解及描述目标要求</td><td>准确理解任务要求</td><td></td><td></td></tr>
<tr><td>2</td><td colspan="2">与同组同学协商，确定人员分工</td><td>较强的团队协作能力</td><td></td><td></td></tr>
<tr><td>3</td><td colspan="2">查阅资料能力，市场调研能力</td><td>较强的资料检索能力和市场调研能力</td><td></td><td></td></tr>
<tr><td>4</td><td colspan="2">资料的阅读、分析和归纳能力</td><td>较强的分析报告撰写能力</td><td></td><td></td></tr>
<tr><td>5</td><td colspan="2">检查六方套零件加工程序</td><td>编程是否合理、正确</td><td></td><td></td></tr>
<tr><td>6</td><td colspan="2">安全生产与环保</td><td>符合“5S”要求</td><td></td><td></td></tr>
<tr><td>检查评价</td><td colspan="5">评语：</td></tr>
<tr><td>班级</td><td></td><td>组别</td><td></td><td>组长签字</td><td></td></tr>
<tr><td>教师签字</td><td colspan="3"></td><td>日期</td><td></td></tr>
</table>

2. 六方套的数控电火花线切割加工评价单（表4-9）。

表4-9　六方套的数控电火花线切割加工评价单

学习领域	电火花加工技术				
学习情境4	数控电火花线切割加工			学时	20学时
任务4.1	六方套的数控电火花线切割加工			学时	6学时
评价类别	评价项目	子项目	个人评价	组内互评	教师评价
专业能力（60%）	资讯（8%）	搜集信息（4%）			
		引导问题回答（4%）			
	计划（5%）	计划可执行度（5%）			
	实施（12%）	工作步骤执行（3%）			
		功能实现（3%）			
		质量管理（2%）			
		安全保护（2%）			
		环境保护（2%）			
	检查（10%）	全面性、准确性（5%）			
		异常情况排除（5%）			
	过程（15%）	使用工具规范性（7%）			
		操作过程规范性（8%）			
	结果（5%）	结果质量（5%）			
	作业（5%）	作业质量（5%）			
社会能力（20%）	团结协作（10%）				
	敬业精神（10%）				
方法能力（20%）	计划能力（10%）				
	决策能力（10%）				
评价评语	评语：				

班级		组别		学号		总评	
教师签字			组长签字		日期		

4.1.7 实践中常见问题解析

电火花线切割加工中经常会遇到各种类型的复杂模具和工件。这些各种不同要求的复杂工件大致可分为两类。

1. 电火花线切割的加工工艺比较复杂，不采取必要的措施加工，就难以达到要求，甚至无法加工。

2. 装夹困难，容易变形，有一定批量而且精度要求较高的工件。对于几何形状复杂的模具（包括非圆轮廓、齿轮等），只要把自动编程技术和电火花线切割加工的工艺技术很好地结合，就能顺利完成此类工件的加工。

任务 4.2 少齿数齿轮的数控电火花线切割加工

4.2.1 任务描述

少齿数齿轮的数控电火花线切割加工任务单见表 4-10。

表 4-10 少齿数齿轮的数控电火花线切割加工任务单

<table>
<tr><td>学习领域</td><td colspan="3">电火花加工技术</td></tr>
<tr><td>学习情境 4</td><td>数控电火花线切割加工</td><td>学时</td><td>20 学时</td></tr>
<tr><td>任务 4.2</td><td>少齿数齿轮的数控电火花线切割加工</td><td>学时</td><td>7 学时</td></tr>
<tr><td colspan="4">布置任务</td></tr>
<tr><td>学习目标</td><td colspan="3">1. 了解数控电火花线切割自动编程加工的流程。
2. 掌握数控电火花线切割自动编程加工的操作方法。
3. 具备数控电火花线切割自动编程加工的能力。</td></tr>
<tr><td>任务描述</td><td colspan="3">利用电火花线切割机床、CAXA 线切割 XP 软件，完成少齿数齿轮的电火花线切割自动编程加工。</td></tr>
<tr><td>任务分析</td><td colspan="3">CAXA 线切割是一个面向数控电火花线切割机床数控编程的软件系统，在我国线切割加工领域有广泛的应用。它可以为各种数控电火花线切割机床提供快速、高效率、高品质的数控编程代码，极大地简化了数控编程人员的工作。CAXA 线切割可以快速、准确地完成传统编程方式下很难完成的工作，可提供数控电火花线切割机床的自动编程工具，可使操作者以交互方式绘制需切割的图形，生成带有复杂形状轮廓的两轴线切割加工轨迹。CAXA 线切割支持快走丝线切割机床，可输出 3B、4B 及 ISO 格式的线切割加工程序。其自动编程的过程一般是：利用 CAXA 线切割的 CAD 功能绘制加工图形→生成加工轨迹及加工仿真→生成线切割加工程序→将线切割加工程序传输给数控电火花线切割加工机床。</td></tr>
</table>

学时安排	资讯	计划	决策	实施	检查评价
	1 学时	0.5 学时	0.5 学时	4 学时	1 学时
提供资料	1. 汤家荣．模具特种加工技术．北京：北京理工大学出版社，2010。 2. 杨武成．特种加工．西安：西安电子科技大学出版社，2009。 3. 张若锋，邓健平．数控加工实训．北京：机械工业出版社，2011。 4. 周晓宏．数控加工工艺与设备．北京：机械工业出版社，2011。 5. 周湛学，刘玉忠．数控电火花加工及实例详解．北京：化学工业出版社，2013。 6. 刘晋春，等．特种加工．北京：机械工业出版社，2007。 7. 廖慧勇．数控加工实训教程．成都：西南交通大学出版社，2007。 8. 刘虹．数控加工编程及操作．北京：机械工业出版社，2011。 9. 陈江进，雷黎明．数控加工编程与操作．北京：国防工业出版社，2012。				
对学生的要求	1. 能够对任务书进行分析，能够正确理解和描述目标要求。 2. 具有独立思考、善于提问的学习习惯。 3. 具有查询资料和市场调研能力，具备严谨求实和开拓创新的学习态度。 4. 能够执行企业“5S”质量管理体系要求，具备良好的职业意识和社会能力。 5. 具备一定的观察理解和判断分析能力。 6. 具有团队协作、爱岗敬业的精神。 7. 具有一定的创新思维和勇于创新的精神。				

4.2.2 资讯

1. 少齿数齿轮的数控电火花线切割加工资讯单（表4-11）。

表4-11 少齿数齿轮的数控电火花线切割加工资讯单

学习领域	电火花加工技术		
学习情境4	数控电火花线切割加工	学时	20 学时
任务4.2	少齿数齿轮的数控电火花线切割加工	学时	7 学时
资讯方式	实物、参考资料		
资讯问题	1. CAXA 线切割的切入方式有哪些？有什么区别？ 2. 在 CAXA 线切割 XP 系统编程过程中，为什么要进行机床设置？如何进行机床设置？ 3. 简述 CAXA 线切割 XP 系统编程的工作步骤。		
资讯引导	1. 问题1、2 参阅信息单、汤家荣主编的《模具特种加工技术》相关内容。 2. 问题3 参阅信息单、杨武成主编的《特种加工》相关内容。		

2. 少齿数齿轮的数控电火花线切割加工信息单（表 4-12）。

表 4-12　少齿数齿轮的数控电火花线切割加工信息单

学习领域	电火花加工技术		
学习情境 4	数控电火花线切割加工	学时	20 学时
任务 4.2	少齿数齿轮的数控电火花线切割加工	学时	7 学时
序号	信息内容		
一	CAXA 线切割 XP 系统识别		

CAXA 线切割 XP 系统的功能是通过各种不同的菜单和命令项来实现的。菜单系统包括下拉菜单、图标菜单、快捷菜单、工具菜单四个部分。下面对各菜单项和命令项做简要的介绍。

1. 下拉菜单

如图 4-15 所示，下拉菜单位于屏幕的顶部，由一行主菜单及其下拉子菜单组成。主菜单包括文件、编辑、显示、幅面、绘制、查询、设置、工具、线切割、帮助，其中每个部分又含有若干个下拉子菜单。

文件(F)　编辑(E)　显示(V)　幅面(P)　绘制(D)　查询(I)　设置(S)　工具(T)　线切割(W)　帮助(H)

图 4-15　下拉菜单

下拉菜单及下拉子菜单的命令功能简介见表 4-12-1。

表 4-12-1　下拉菜单及下拉子菜单命令功能简介

下拉菜单	下拉子菜单	命令功能简介
文件	新文件	在当前绘图区中建立一个新的设计窗口
	打开文件	从已经保存的存档中打开一个文件
	存储文件	存储当前文件
	另存文件	用另一个文件名或在另一个位置存储当前文件
	文件检索	从本地计算机或网络计算机上查找符合条件的文件
	并入文件	将一个已经设计好的文件与当前文件合并成一个新的文件
	部分存储	将当前文件的一部分存储为一个新的文件
	绘图输出	对当前设计好的图形进行打印输出
	数据接口	读入或输出 DWG、DXF、WMF、DAT、IGES、HPGL、AUTOP 等格式的文件，以及接收和输出视图
	应用程序管理器	管理电子图板二次开发的应用程序
	最近文件	显示最近打开过的一些文件名
	退出	退出 CAXA 线切割 XP 系统
编辑	取消操作	取消在图形设计中进行的上一项操作
	重复操作	恢复一个“取消操作”命令
	图形剪切	对设计图形中的实体对象执行剪切操作

（续）

下拉菜单	下拉子菜单	命令功能简介
编辑	图形拷贝	对设计图形中的实体对象执行复制操作
	图形粘贴	将剪切或复制的实体对象粘贴在指定的位置上
	选择性粘贴	选择剪贴板内容的属性后再进行粘贴
	插入对象	在当前绘图区中插入 OLE 对象
	删除对象	删除一个选中的 OLE 对象
	链接	以链接方式将有关对象的插入到文件中的操作
	对象属性	查看对象的属性及相关操作
	拾取删除	删除选中的对象
	删除所有	初始化绘图区，删除绘图区中所有的实体对象
	改变颜色	改变所拾取图形元素的颜色
	改变线型	改变所拾取图形元素的线型
	改变图层	改变所拾取图形元素的图层
显示	重画	刷新屏幕，对绘图区图形进行重新生成操作
	鹰眼	打开一个窗口，对主窗口的现实部分进行选择
	显示窗口	用窗口将图形放大
	显示平移	指定屏幕中心，将图形显示平移
	显示全部	显示全部图形
	显示复原	恢复图形显示的初始状态
	显示比例	输入比例对显示进行放大或缩小
	显示回溯	显示前一幅图形
	显示向后	此功能与“显示回溯”对应，用来恢复“显示回溯”操作前的图形
	显示放大	按固定比例（1.25）将图形放大显示
	显示缩小	按固定比例（0.8）将图形缩小显示
	动态平移	利用鼠标的拖动平移图形
	动态缩放	利用鼠标的拖动缩放图形
	全屏显示	用全屏显示图形
幅面	图纸幅面	选择或定义图纸的大小
	图框设置	调入、定义和存储图框
	标题栏	调入、定义、存储或填写标题栏
	零件序号	生成、删除、编辑或设置零件序号
	明细表	有关零件明细表制作和填写的所有功能
绘制	基本曲线	绘制基本的直线、圆弧、圆等
	高级曲线	绘制多边形、公式曲线以及齿轮、花键和位图矢量化
	工程标注	标注尺寸、公差等
	曲线编辑	对曲线进行剪切、打断、过渡等编辑

（续）

下拉菜单	下拉子菜单	命令功能简介
绘制	块操作	进行与块有关的各项操作
	库操作	从图库中提取图形以及相关的各项操作
查询	点坐标	查询点的坐标
	两点距离	查询两点间的距离
	角度	查询角度值
	元素属性	查询元素的属性
	周长	查询封闭曲线的长度
	面积	查询封闭曲线包含区域的面积
	重心	查询封闭曲线包含区域的重心
	惯性矩	查询所选封闭曲线相对所选直线的惯性矩
	系统状态	查询系统状态
设置	线型	定制和加载线型
	颜色	设置颜色
	层控制	新建和设置图层以及图层管理器
	屏幕点设置	设置屏幕点的捕捉属性
	拾取设置	设置拾取属性
	文字参数	设置和管理字型
	标注参数	设置尺寸标注的属性
	剖面图案	选择剖面的填充图案
	用户坐标系	设置和操作用户坐标系
	三视图导航	根据两个视图生成第三个视图
	系统配置	设定如颜色、文字之类的系统环境参数
	恢复老面孔	将用户界面恢复到 CAXA 以前的形式
	自定义	自定义菜单和工具栏
工具	图纸管理系统	打开图纸管理工具
	打印排版工具	打开打印排版工具
	EXB 文件浏览器	打开电子图板文档浏览器
	记事本	打开 Windows 工具记事本
	计算器	打开 Windows 工具计算器
	画笔	打开 Windows 工具画笔
线切割	轨迹生成	生成加工轨迹
	轨迹跳步	用跳步方式链接所选轨迹
	跳步取消	取消轨迹之间的跳步链接
	轨迹仿真	进行轨迹加工的仿真演示
	查询切割面积	计算切割面积

（续）

下拉菜单	下拉子菜单	命令功能简介
线切割	生成 3B 代码	生成所选轨迹的 3B 代码
	4B/R3B 代码	生成所选轨迹的 4B/R3B 代码
	校核 B 代码	校核已经生成的 B 代码
	查看/打印代码	查看或者打印已经生成的加工代码
	代码传输	传输已经生成的加工代码
	R3B 后置设置	对 R3B 代码格式进行设置
帮助	日积月累	介绍软件的一些操作技巧
	帮助索引	CAXA 电子图板的帮助
	命令列表	查看各功能的键盘命令及说明
	服务信息	查看与售后服务有关的信息
	关于电子图板	显示版本及用户信息

2. 图标菜单

如图 4-16 所示，图标菜单默认位于屏幕的左上部，它包括基本曲线、高级曲线、工程标注、曲线编辑、块操作、图库、轨迹生成、代码生成、代码传输后置九个部分，每个菜单又含有若干个命令项。

图 4-16　图标菜单

图标菜单的命令功能简介见表 4-12-2。

表 4-12-2　图标菜单命令功能简介

图标菜单	命令项	命令功能简介
基本曲线	直线	绘制各类直线
	圆弧	绘制圆弧
	圆	绘制圆
	矩形	绘制矩形
	中心线	绘制孔或轴的中心线
	样条线	绘制样条曲线
	轮廓线	绘制直线和圆弧构成的首尾相接或不相接的一条轮廓线
	等距线	生成一条或同时生成数条给定曲线的等距线
高级曲线	正多边形	绘制任意正多边形
	椭圆	绘制椭圆
	孔/轴	在给定位置画出带有中心线的孔或轴
	波浪线	按照给定方式生成波浪线
	双折线	绘制双折线

（续）

图标菜单	命令项	命令功能简介
高级曲线	公式曲线	按照给定公式绘制曲线
	填充	将一块封闭区域用一种颜色或图案填充
	箭头	绘制单个的实心箭头或给圆弧、直线增加实心箭头
	点	生成孤立点实体
	齿轮设计	绘制齿轮
	花键设计	绘制花键
	图像矢量化	读入图形文件，并生成图形轮廓曲线
	文字	输入各种格式的文字、生成文字轮廓曲线
工程标注	尺寸标注	标注各种图形尺寸
	坐标标注	标注点的坐标
	倒角标注	标注直线之间的倒角
	引出说明	标注引出注释
	文字标注	在图形中标注文字
	基准符号	标注几何公差中的基准符号
	粗糙度	标注表面粗糙度代号
	形位公差	标注几何公差
	焊接符号	标注焊接符号
	剖切符号	标注剖面的剖切位置
	标注编辑	对所有的工程标注（尺寸、符号和文字）进行编辑
	尺寸风格编辑	修改尺寸标注风格
	尺寸驱动	根据尺寸的修改而改变图形的大小、形状
曲线编辑	裁剪	对给定曲线（称为被裁剪线）进行修整
	过渡	处理曲线间的过渡关系（圆角、倒角或尖角）
	齐边	以一条曲线为边界对一系列曲线进行裁剪或延伸
	打断	将一条曲线在指定点处打断成两条曲线
	拉伸	对选中的直线、圆或圆弧进行拉长或缩短
	平移	对拾取的实体进行平移或复制操作
	旋转	对拾取的实体进行复制或旋转操作
	镜像	对拾取的实体进行镜像操作
	比例缩放	按照一定比例对拾取的实体进行缩小或放大
	阵列	圆形或矩形阵列选中的图形
	局部放大	用圆形窗口或矩形窗口将图形中的任意一个局部进行放大
轨迹生成	轨迹生成	生成线切割加工轨迹
	轨迹跳步	将多个轨迹连接成一个跳步轨迹
	取消跳步	将跳步轨迹分解成各个独立的加工轨迹

（续）

图标菜单	命令项	命令功能简介
轨迹生成	轨迹仿真	对线切割过程进行仿真
	切割面积	根据加工轨迹的尺寸和工件厚度计算线切割面积
代码生成	生成3B代码	生成3B代码数控程序
	生成4B/R3B代码	生成4B或R3B代码数控程序
	校核B代码	校核生成的B代码数控程序的正确性
	查看打印代码	查看并可打印已生成的代码文件或其他文本文件
代码传输/后置设置	应答传输	将生成的代码以模拟电报头形式传输给电火花线切割机床
	同步传输	将生成的代码快速同步传输给电火花线切割机床
	串口传输	将生成的代码利用计算机串口传输给电火花线切割机床
	纸带穿孔	将生成的代码传输给纸带穿孔机，为纸带打孔
	机床设置	根据不同的机床、数控系统设定数控代码及程序格式等
	后置设置	设置输出的数控程序的格式
	R3B后置设置	设置R3B代码数控程序命令

3. 快捷菜单

当功能命令项被选中时，在绘图区的左下角就会弹出快捷菜单，它描述了该项命令执行的各种情况和使用条件。用户可以根据当前的作图要求，正确选择其中的某一项，即可得到准确的响应。

如图4-17所示，当绘制直线时，直线命令被选中后，快捷菜单会提示“1：两点线”“2：连续”“3：非正交”。

4. 工具菜单

工具菜单包括工具点菜单和拾取元素菜单，如图4-18所示。在绘图过程中按下空格键，就会弹出工具点菜单；当图形操作处于拾取状态时按下空格键，就会弹出拾取元素菜单。这两个菜单分别帮助捕捉工具点和拾取元素。

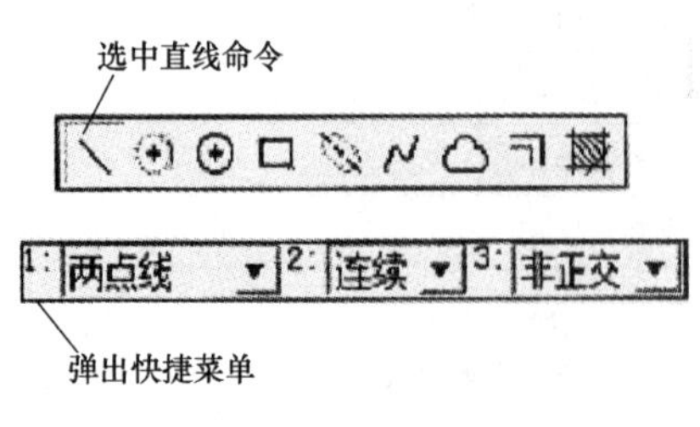

图4-17　快捷菜单

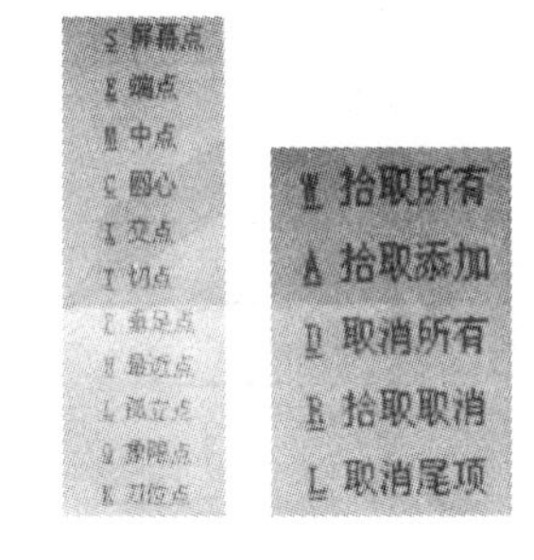

图4-18　工具点菜单和拾取元素菜单

二	少齿数齿轮电火花线切割加工工艺分析内容引导

少齿数齿轮一般不能用滚齿机加工，原因是小于17个齿的齿轮在滚齿时容易发生根切现象。对于这些少齿数齿轮，目前一般用数控电火花线切割方法加工。齿轮毛坯面应磨削，无毛刺，事先加工出穿丝孔，并淬火处理。

数控电火花线切割加工中，齿轮毛坯的厚度是齿轮的齿宽，齿轮轮齿为渐开线，应选择电极丝损耗小的电参数，工作液浓度稍低些，工作台进给速度应慢些。

三	绘制齿轮图形、生成轨迹

1. 用 CAXA 线切割 XP 软件绘制齿轮图形

1）进入 CAXA 线切割 XP 软件，建立新文件，文件名为 chilun。

2）单击“绘制”菜单，选择“高级曲线”下的“齿轮”选项，屏幕上弹出“渐开线齿轮齿形参数”对话框，在表中填写 $z=10$，$m=1$ 后单击“下一步”按钮，屏幕上弹出“渐开线齿轮齿形预显”对话框，输入有效齿数 10，单击“完成”按钮，如图 4-19 所示。

3）屏幕上出现齿轮的齿形，输入定位点（0，0）后，齿轮图形将被定位在屏幕上。

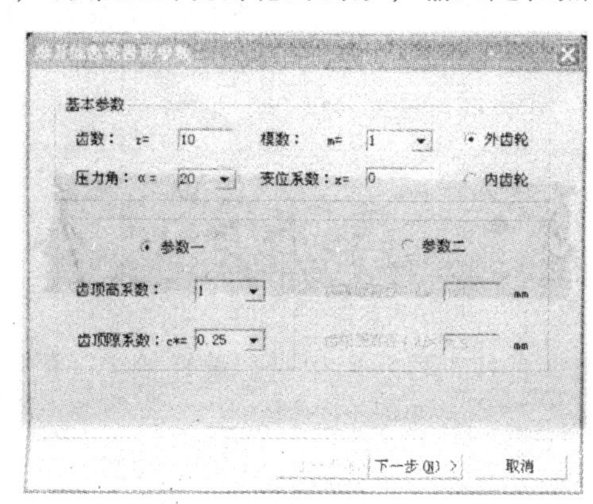

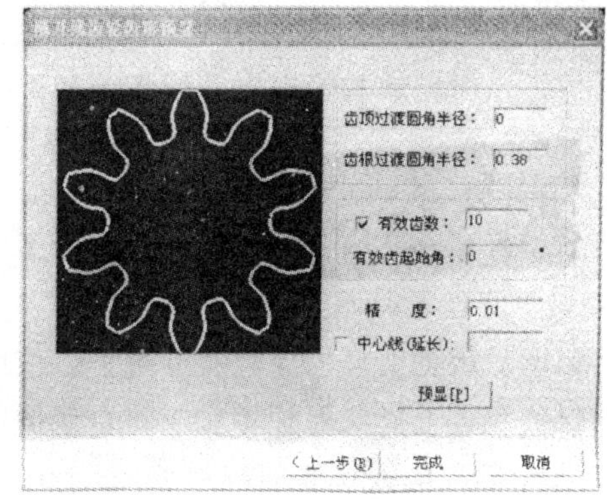

图 4-19　渐开线齿轮齿形参数及预显

2. 用 CAXA 线切割 XP 软件完成轨迹生成

1）单击“线切割”菜单栏，选择“轨迹生成”，屏幕上弹出“线切割轨迹生成参数表”，按表中要求填写参数后，单击“确定”按钮，如图 4-20 所示。

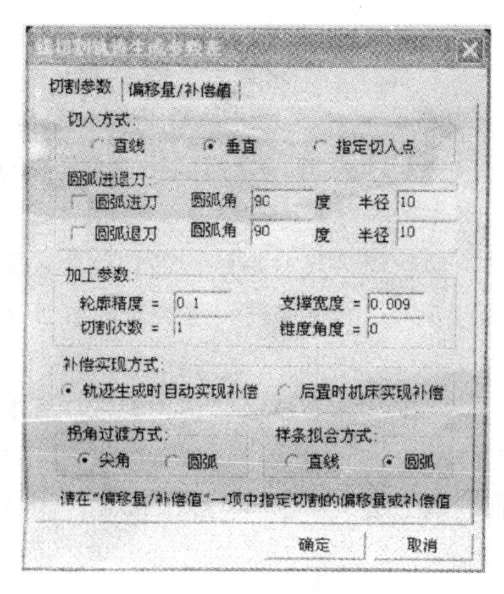

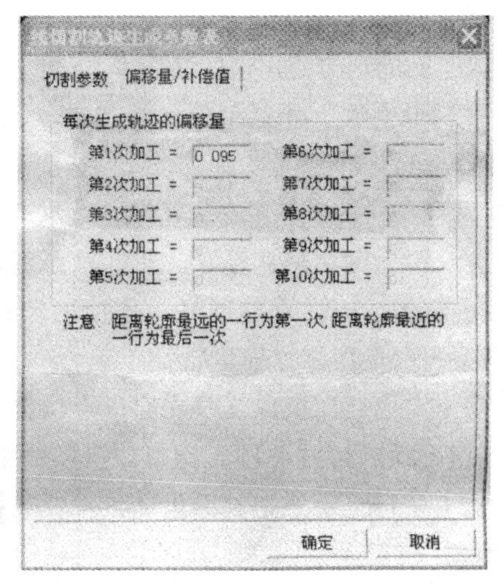

图 4-20　线切割轨迹生成参数表

2）屏幕底部命令栏提示拾取齿轮轮廓方向，齿轮轮廓线上出现两个相反方向的箭头，分别指示的是顺时针切割方向和逆时针切割方向，用鼠标选择其一。

3）屏幕底部命令栏提示加工侧边或补偿的方向，同样出现两个相反方向的箭头，选择齿轮齿形外侧的方向。

4）屏幕底部命令栏提示确定穿丝点位置，可在齿轮的四周任意位置选择穿丝点，单击鼠标确定，软件提示退出点位置（按 <Enter> 键，穿丝点与退出点重合），按 <Enter> 键确定，轨迹生成，齿轮轮廓上出现绿色（软件实际操作会显示，此处图中不显示，下同）线条，如图 4-21 所示。

5）单击“线切割”菜单项，选择“轨迹仿真”，屏幕底部命令栏提示拾取轮廓，即可仿真。

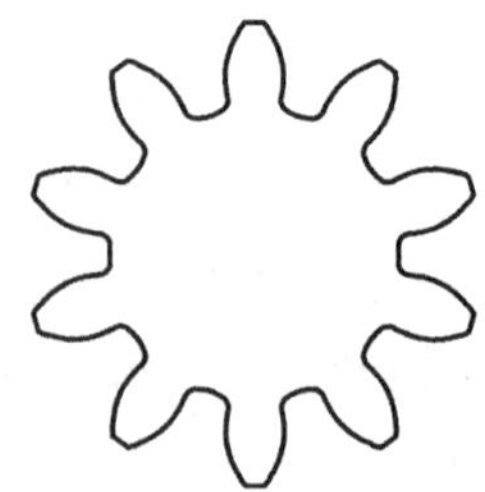

图 4-21　齿轮轨迹生成

四	齿轮的数控电火花线切割加工方法引导

1. 齿轮毛坯的装夹与定位

将加工好穿丝孔的工件装夹到机床的工作台上，并对工件进行找正。

2. 钼丝穿丝及其垂直找正

将钼丝从齿轮毛坯的穿丝孔穿过，再使用垂直找正器对钼丝进行垂直找正，最后安装储丝筒保护罩、上丝架保护罩和工作台保护罩。

3. 齿轮数控电火花线切割加工

1）开启机床总电源，给机床供电。

2）在机床的主菜单下，按 <F5> 键，进入“人工”子菜单，再按 <F7> 键，进入“定中心”子菜单，用接触感知方法确定穿丝孔的中心位置。

3）在机床的主菜单下，按 <F7> 键，进入“运行”子菜单，再按 <F1> 键，将齿轮图形显示在屏幕上。

4）在“运行”子菜单中，按 <F2> 键进入“空运行”子菜单，在屏幕上仿真。

5）在“电参数”子菜单中，可选择丝速、电流、脉冲宽度、脉冲间隔比、分组宽、分组比、速度这七个参数。电参数设置完毕后，按 <F8> 键，返回到“运行”子菜单。也可利用机床提供的默认参数“E0001”。

6）按 <F7> 键，机床起动，工作液泵起动，储丝筒旋转，沿编程的切割方向开始加工。加工过程中，应注意控制好工作液的流量，应以工作液包裹钼丝为宜。若按 <F6> 键，则沿编程的反切割方向进行加工。

7）加工完成后，机床会停在穿丝点位置上，并在屏幕上显示“加工完成”字样。按 <Enter> 键确认，再按 <F8> 键返回机床的主菜单。

8）从工作台上取下切割的齿轮工件，用棉纱擦干净工作台面，涂上机油。

4. 检验

加工完后，检验工件是否合格。

4.2.3 计划

根据任务内容制订小组任务计划，简要说明任务实施过程的步骤及注意事项。填写少齿数齿轮的数控电火花线切割加工计划单（表4-13）。

表4-13　少齿数齿轮的数控电火花线切割加工计划单

<table>
<tr><td>学习领域</td><td colspan="5">电火花加工技术</td></tr>
<tr><td>学习情境4</td><td colspan="3">数控电火花线切割加工</td><td>学时</td><td>20学时</td></tr>
<tr><td>任务4.2</td><td colspan="3">少齿数齿轮的数控电火花线切割加工</td><td>学时</td><td>7学时</td></tr>
<tr><td>计划方式</td><td colspan="5">小组讨论</td></tr>
<tr><td>序号</td><td colspan="3">实施步骤</td><td colspan="2">使用资源</td></tr>
<tr><td></td><td colspan="3"></td><td colspan="2"></td></tr>
<tr><td></td><td colspan="3"></td><td colspan="2"></td></tr>
<tr><td></td><td colspan="3"></td><td colspan="2"></td></tr>
<tr><td></td><td colspan="3"></td><td colspan="2"></td></tr>
<tr><td></td><td colspan="3"></td><td colspan="2"></td></tr>
<tr><td></td><td colspan="3"></td><td colspan="2"></td></tr>
<tr><td></td><td colspan="3"></td><td colspan="2"></td></tr>
<tr><td></td><td colspan="3"></td><td colspan="2"></td></tr>
<tr><td>制订计划说明</td><td colspan="5"></td></tr>
<tr><td>计划评价</td><td colspan="5">评语：</td></tr>
<tr><td>班级</td><td></td><td>第　　组</td><td>组长签字</td><td colspan="2"></td></tr>
<tr><td>教师签字</td><td colspan="2"></td><td>日期</td><td colspan="2"></td></tr>
</table>

4.2.4 决策

各小组之间讨论工作计划的合理性和可行性，进行计划方案讨论，选定合适的工作计划，进行决策，填写少齿数齿轮的数控电火花线切割加工决策单（表4-14）。

表4-14 少齿数齿轮的数控电火花线切割加工决策单

<table>
<tr><td>学习领域</td><td colspan="6">电火花加工技术</td></tr>
<tr><td>学习情境4</td><td colspan="4">数控电火花线切割加工</td><td>学时</td><td>20学时</td></tr>
<tr><td>任务4.2</td><td colspan="4">少齿数齿轮的数控电火花线切割加工</td><td>学时</td><td>7学时</td></tr>
<tr><td colspan="5">方案讨论</td><td>组号</td><td></td></tr>
<tr><td rowspan="16">方案决策</td><td>组别</td><td>步骤
顺序性</td><td>步骤
合理性</td><td>实施可
操作性</td><td>选用工具
合理性</td><td>原因说明</td></tr>
<tr><td>1</td><td></td><td></td><td></td><td></td><td></td></tr>
<tr><td>2</td><td></td><td></td><td></td><td></td><td></td></tr>
<tr><td>3</td><td></td><td></td><td></td><td></td><td></td></tr>
<tr><td>4</td><td></td><td></td><td></td><td></td><td></td></tr>
<tr><td>5</td><td></td><td></td><td></td><td></td><td></td></tr>
<tr><td>1</td><td></td><td></td><td></td><td></td><td></td></tr>
<tr><td>2</td><td></td><td></td><td></td><td></td><td></td></tr>
<tr><td>3</td><td></td><td></td><td></td><td></td><td></td></tr>
<tr><td>4</td><td></td><td></td><td></td><td></td><td></td></tr>
<tr><td>5</td><td></td><td></td><td></td><td></td><td></td></tr>
<tr><td>1</td><td></td><td></td><td></td><td></td><td></td></tr>
<tr><td>2</td><td></td><td></td><td></td><td></td><td></td></tr>
<tr><td>3</td><td></td><td></td><td></td><td></td><td></td></tr>
<tr><td>4</td><td></td><td></td><td></td><td></td><td></td></tr>
<tr><td>5</td><td></td><td></td><td></td><td></td><td></td></tr>
<tr><td>方案评价</td><td colspan="6">评语：（根据组内的决策，对照计划进行修改并说明修改原因）</td></tr>
<tr><td>班级</td><td></td><td>组长签字</td><td></td><td>教师签字</td><td></td><td>月　　日</td></tr>
</table>

4.2.5 实施

1. 实施准备

任务实施准备主要有场地准备、教学仪器（工具）准备、资料准备，见表4-15。

表4-15 少齿数齿轮的数控电火花线切割加工实施准备

学习情境4	数控电火花线切割加工		学时	20学时
任务4.2	少齿数齿轮的数控电火花线切割加工		学时	7学时
重点、难点	CAXA线切割XP系统			
场地准备	特种加工实训室（多媒体）			
资料准备	1. 汤家荣．模具特种加工技术．北京：北京理工大学出版社，2010。 2. 杨武成．特种加工．西安：西安电子科技大学出版社，2009。 3. 数控电火花线切割机床使用说明书。 4. 数控电火花线切割机床安全技术操作规程。			
教学仪器（工具）准备	数控电火花线切割机床			
教学组织实施				
实施步骤	组织实施内容	教学方法	学时	
1				
2				
3				
4				
5				

2. 实施任务

依据计划步骤实施任务，并完成作业单的填写。少齿数齿轮的数控电火花线切割加工作业单见表4-16。

表 4-16　少齿数齿轮的数控电火花线切割加工作业单

<table>
<tr><td>学习领域</td><td colspan="5">电火花加工技术</td></tr>
<tr><td>学习情境 4</td><td colspan="3">数控电火花线切割加工</td><td>学时</td><td>20 学时</td></tr>
<tr><td>任务 4.2</td><td colspan="3">少齿数齿轮的数控电火花线切割加工</td><td>学时</td><td>7 学时</td></tr>
<tr><td>作业方式</td><td colspan="5">小组分析、个人解答，现场批阅，集体评判</td></tr>
<tr><td></td><td colspan="5">利用 CAXA 软件绘制齿轮零件图形并对其进行编程。</td></tr>
<tr><td colspan="6">作业解答：</td></tr>
<tr><td colspan="6">作业评价：</td></tr>
<tr><td>班级</td><td></td><td>组别</td><td></td><td>组长签字</td><td></td></tr>
<tr><td>学号</td><td></td><td>姓名</td><td></td><td>教师签字</td><td></td></tr>
<tr><td>教师评分</td><td></td><td>日期</td><td colspan="3"></td></tr>
</table>

4.2.6 检查评价

学生完成本学习任务后，应展示的结果有完成的计划单、决策单、作业单、检查单、评价单。

1. 少齿数齿轮的数控电火花线切割加工检查单（表 4-17）。

表 4-17 少齿数齿轮的数控电火花线切割加工检查单

学习领域	电火花加工技术			
学习情境 4	数控电火花线切割加工		学时	20 学时
任务 4.2	少齿数齿轮的数控电火花线切割加工		学时	7 学时
序号	检查项目	检查标准	学生自查	教师检查
1	任务书阅读与分析能力，正确理解及描述目标要求	准确理解任务要求		
2	与同组同学协商，确定人员分工	较强的团队协作能力		
3	查阅资料能力，市场调研能力	较强的资料检索能力和市场调研能力		
4	资料的阅读、分析和归纳能力	较强的分析报告撰写能力		
5	检查少齿数齿轮的数控电火花线切割加工程序	编程是否合理、正确		
6	安全生产与环保	符合“5S”要求		
检查评价	评语：			
班级		组别		组长签字
教师签字			日期	

2. 少齿数齿轮的数控电火花线切割加工评价单（表4-18）。

表4-18　少齿数齿轮的数控电火花线切割加工评价单

学习领域	电火花加工技术				
学习情境4	数控电火花线切割加工			学时	20学时
任务4.2	少齿数齿轮的数控电火花线切割加工			学时	7学时
评价类别	评价项目	子项目	个人评价	组内互评	教师评价
专业能力（60%）	资讯（8%）	搜集信息（4%）			
		引导问题回答（4%）			
	计划（5%）	计划可执行度（5%）			
	实施（12%）	工作步骤执行（3%）			
		功能实现（3%）			
		质量管理（2%）			
		安全保护（2%）			
		环境保护（2%）			
	检查（10%）	全面性、准确性（5%）			
		异常情况排除（5%）			
	过程（15%）	使用工具规范性（7%）			
		操作过程规范性（8%）			
	结果（5%）	结果质量（5%）			
	作业（5%）	作业质量（5%）			
社会能力（20%）	团结协作（10%）				
	敬业精神（10%）				
方法能力（20%）	计划能力（10%）				
	决策能力（10%）				
评价评语	评语：				

班级		组别		学号		总评	
教师签字			组长签字		日期		

4.2.7 实践中常见问题解析

CAXA线切割加工软件的使用极大地方便了操作者，它不仅使操作者直观、方便地设计，同时也避免了编程中复杂的计算问题。由人工很难完成的任务，如不规则曲线的编程等，也变得简单、方便，易于操作。

1. 偏置量的计算

轨迹偏置是数控电火花线切割加工中不可缺少的一个步骤。轨迹偏置分内偏置和外偏置，视加工工件类型而定。工件类型一般分孔类和轴类两种。大多数情况下加工孔类零件需要内偏置，即向孔内偏置，如不偏置，孔将变大；而对于轴类零件则相反，偏置量要视零件公差、电极丝的直径及放电间隙三者的关系而定。例如加工一个直径为 $\phi10^{+0.02}_{0}$mm 的孔，电极丝的直径为 $\phi0.18$mm，放电间隙一般为 0.01mm，如不进行偏置，加工出的孔径为：$20\text{mm} + 0.18\text{mm} + 0.01 \times 2\text{mm} = 20.20\text{mm}$，而要加工到直径 $\phi20.01$mm，则偏置量 $\Delta = (20.20 - 20.01)\text{mm}/2 = 0.095\text{mm}$。

2. 轨迹相连问题

在加工模具的过程中，常会遇到需加工多个位置精度要求较高的孔。当这些孔的位置坐标不易计算时（由线切割加工软件可进行坐标查询，但具体操作机床加工时会很麻烦），这时最简便的方法是将多个孔的轨迹相连，统一生成加工程序。做法是单独生成各个孔的轨迹，穿丝点和退出点一般放在该圆圆心，在生成加工程序时，顺序拾取各个孔的轨迹即可。这样做的好处是保证了各孔的位置精度，操作简单、方便。

3. 轨迹操作方面

电火花线切割加工软件提供了对轨迹的多种操作，如旋转、镜像、比例缩放等。同时，提供了轨迹生成时会遇到的复杂的实际情况的处理方法，如切入方式、切割方向、离散精度、穿丝点及退出点的设置等，极大地方便了操作者。

4. 工件的安装问题

生成程序后，接下来的操作是如何把工件正确地安放在机床上。工件的安放方向不能随意，要尽量与模型（或图样）方向一致，以避免方向错位。接着要进行工件找正，一般用划针按工件上的划线来找正，精度要求较高的，用百分表找正。工件找正完成后，夹紧工件。接下来便是确定编程的穿丝点与工件上的起始切割点的重合问题，即对刀问题。对加工精度要求较低的工件，可直接目测来确定电极丝和工件的相互位置，也可借助于2～8倍的放大镜进行观测。也可采用火花法，即利用电极丝与工件在一定间隙下发生放电的火花来确定电极丝的坐标位置。对加工精度要求较高的零件，可采用电阻法，即利用电极丝与工件由绝缘到短路，其瞬间电阻突变来确定电极丝相对工件的坐标位置。

数控电火花线切割机床一般具有电极丝自动找中心坐标位置的功能，但也不能绝对依赖，一是操作起来较费时间，二是也不一定准确。自动对中后应进行检测。

任务 4.3 冲裁模凹模零件的数控电火花线切割加工

4.3.1 任务描述

冲裁模凹模零件的数控电火花线切割加工任务单见表4-19。

表 4-19　冲裁模凹模零件的数控电火花线切割加工任务单

<table>
<tr><td>学习领域</td><td colspan="5">电火花加工技术</td></tr>
<tr><td>学习情境 4</td><td colspan="3">数控电火花线切割加工</td><td>学时</td><td>20 学时</td></tr>
<tr><td>任务 4.3</td><td colspan="3">冲裁模凹模零件的数控电火花线切割加工</td><td>学时</td><td>7 学时</td></tr>
<tr><td colspan="6">布置任务</td></tr>
<tr><td>学习目标</td><td colspan="5">1. 能够读懂冲裁模具凹模零件的工作图，能够自主编制加工工艺卡，确定加工路线。
2. 学会 ISO 格式编程，能够依据加工工艺编制合理的加工程序，实施电火花线切割加工。
3. 掌握数控电火花线切割加工的安全操作规程。
4. 按照工艺文件独立完成凸模及凹模零件的数控编程及加工。
5. 能够对加工零件进行质量保证与监控。</td></tr>
<tr><td>任务描述</td><td colspan="5">图 4-22 所示为凹模零件，试编制其加工程序，在数控电火花线切割机床上完成零件加工。零件材料为 Cr12MoV。 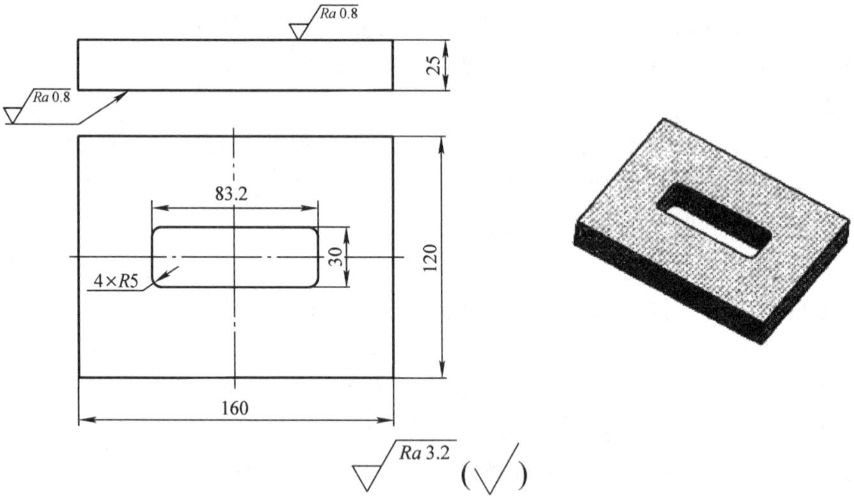
图 4-22　凹模零件
a）零件图　b）立体图</td></tr>
<tr><td>任务分析</td><td colspan="5">此次任务是加工简单的凹模零件，根据前面学习的数控电火花线切割机床的结构特点以及加工原理，学生应能够从零件的结构、材质、加工要求等方面进行分析；同时掌握 ISO 格式程序编制的方法，正确编写加工程序，合理安排加工路线，完成工件的加工。</td></tr>
<tr><td rowspan="2">学时安排</td><td>资讯</td><td>计划</td><td>决策</td><td>实施</td><td>检查评价</td></tr>
<tr><td>1 学时</td><td>0.5 学时</td><td>0.5 学时</td><td>4 学时</td><td>1 学时</td></tr>
</table>

提供资料	1. 汤家荣．模具特种加工技术．北京：北京理工大学出版社，2010。 2. 杨武成．特种加工．西安：西安电子科技大学出版社，2009。 3. 张若锋，邓健平．数控加工实训．北京：机械工业出版社，2011。 4. 周晓宏．数控加工工艺与设备．北京：机械工业出版社，2011。 5. 周湛学，刘玉忠．数控电火花加工及实例详解．北京：化学工业出版社，2013。 6. 刘晋春，等．特种加工．北京：机械工业出版社，2007。 7. 廖慧勇．数控加工实训教程．成都：西南交通大学出版社，2007。 8. 刘虹．数控加工编程及操作．北京：机械工业出版社，2011。 9. 陈江进，雷黎明．数控加工编程与操作．北京：国防工业出版社，2012。
对学生的要求	1. 能够对任务书进行分析，能够正确理解和描述目标要求。 2. 具有独立思考、善于提问的学习习惯。 3. 具有查询资料和市场调研能力，具备严谨求实和开拓创新的学习态度。 4. 能够执行企业“5S”质量管理体系要求，具备良好的职业意识和社会能力。 5. 具备一定的观察理解和判断分析能力。 6. 具有团队协作、爱岗敬业的精神。 7. 具有一定的创新思维和勇于创新的精神。

4.3.2 资讯

1. 冲裁模凹模零件的数控电火花线切割加工资讯单（表4-20）。

表4-20 冲裁模凹模零件的数控电火花线切割加工资讯单

学习领域	电火花加工技术		
学习情境4	数控电火花线切割加工	学时	20学时
任务4.3	冲裁模凹模零件的数控电火花线切割加工	学时	7学时
资讯方式	实物、参考资料		
资讯问题	1. 什么是电极丝半径补偿？电极丝半径补偿如何计算？加工内孔和外形时偏移方向如何确定？ 2. 冲裁模零件的加工有何特点？如何在加工时保证模具零件的配合间隙？		
资讯引导	1. 问题1参阅信息单、杨武成主编的《特种加工》相关内容。 2. 问题2参阅信息单、刘虹主编的《数控加工编程及操作》相关内容。		

2. 冲裁模凹模零件的数控电火花线切割加工信息单（表4-21）。

表4-21 冲裁模凹模零件的数控电火花线切割加工信息单

学习领域	电火花加工技术		
学习情境4	数控电火花线切割加工	学时	20学时
任务4.3	冲裁模凹模零件的数控电火花线切割加工	学时	7学时
序号	信息内容		
一	ISO格式（G代码）数控程序内容引导		

电火花线切割机床的ISO代码与数控车床、数控铣床和加工中心的代码类似，下面就电火花线切割机床的ISO指令做具体介绍。

1. 程序格式

一个完整的加工程序是由程序名、程序主体（若干程序段）、程序结束指令组成的。例如以下程序：

```
O0061;
N01 G92 X0 Y0;
N02 G01 X2000 Y2000;
N03 G01 X7500 Y2000;
N04 G03 X7500 Y5000;
N05 G01 X2000 Y5000;
N06 G01 X2000 Y2000;
N07 G01 X0 Y0;
N08 M02;
```

（1）程序名　程序名由文件名和扩展名组成。每一个程序都必须有一个独立的文件名，目的是查找、调用等。程序的文件名可以用字母和数字表示，最多可用八个字符，如“O10”，但文件名不能重复。扩展名最多用三个字母表示，如“O10. CUT”。

（2）程序主体　程序主体是整个程序的核心，由若干程序段组成，如上面加工程序中N01～N07段。程序主体又分为主程序和子程序。一段重复出现的、单独组成的程序，称为子程序。子程序取出命令后单独存储，即可重复调用。

（3）程序结束指令　程序结束指令安排在程序的最后，单列一段。当数控系统执行到程序结束指令段时，机床进给自动停止，工作液自动停止，并使数控系统复位，为下一个工作循环做好准备。

可以作为程序结束标记的M指令有M02和M30，它们代表零件加工主程序的结束。为了保证最后程序段的正常执行，通常要求M02和M30也必须单独占一行。

此外，子程序结束有专用的结束标记，ISO代码中用M99来表示子程序结束后返回主程序。

2. 程序段格式

程序段是程序的组成部分，用来命令机床完成或执行某一动作。在书写、打印和显示程序时，每一个程序段一般占一行，在各程序段之间用程序段结束符号分开。在数控行业中，现在使用最多的是可变程序段格式，因为可变程序段格式程序简短直观，不需要的字及与上一段相同的续效字可以写出来，也可以不写，各个字的排列顺序要求不严格，每个字的长度不固定，每个程序段的长度、程序段中字的个数都是可变的。

每个程序段由若干个数据字组成，而数据字又由表示地址的英文字母、特殊文字和数字组成，如 X30、G90 等。

程序段格式是指一个程序段中字、字符、数据的排列、书写方式和顺序。通常情况下，程序段格式有字—地址程序段格式、使用分隔符的程序段格式、固定程序段格式三种。后两种程序段格式在线切割机床中的 3B 指令中使用较多。

字—地址程序段格式如下：

N__	G__	X__ Y__ Z__	F__	S__	T__	M__	LF
程序段号	准备功能	尺寸功能	进给功能	主轴功能	刀具功能	辅助功能	结束标记

（1）顺序号（程序段号）　顺序号是加在每个程序段前的编号。顺序号位于程序段之首，用大写英文字母 N 开头，后续 2 ~ 4 位数字，如 N03、N0010，以表示各段程序的相对位置。顺序号可以省略，但使用顺序号对查询一个特定程序很方便，使用顺序号有两种目的：一是用作程序执行过程中的编号，二是用作调用子程序时的标记编号。

注：N9140 ~ N9165 是固定循环子程序号，用户在编程过程中不得使用这些顺序号，但可以调用这些固定循环子程序。

（2）程序段的内容　程序段的中间部分是程序段的内容，程序内容应具备六个基本要素，即准备功能字、尺寸功能字、进给功能字、主轴功能字、刀具功能字和辅助功能字。但并不是所有程序都必须包含所有功能字，有时一个程序段内仅包含其中一个或几个功能字。

（3）程序段结束　程序段以结束标记 CR 或 LF 结束。在实际使用时，常用符号；或 * 表示 CR 或 LF，如“N01 G92 X0 Y0;”

（4）程序段注释　为了方便检查、阅读数控程序，在许多数控程序系统中允许对程序进行注释，注释可以作为对操作者的提示显示在显示屏上，但注释对机床动作没有丝毫影响。

程序的注释应放在程序的最后，不允许将注释插在地址和数字之间，如下列程序段：（本书为了便于读者阅读，一律用；表示程序段结束，之后直接跟程序注释）

T84 T86 G90 G92 X0 Y0;　确定穿丝点，打开工作液。电极丝，绝对编程

G01 X3000　Y8000;　直线切割

G01 X6000 Y9000;　直线切割

3. ISO 代码及其程序编制

目前我国的数控线切割系统使用的指令代码与 ISO 基本一致。表 4-21-1 为数控线切割机床常用的 ISO 指令代码。

表 4-21-1　数控线切割机床常用 ISO 指令代码

代码	功　能	代码	功　能
G00	快速定位	G59	加工坐标系
G01	直线插补	G80	接触感知
G02	顺时针圆弧插补	G82	半程移动
G03	逆时针圆弧插补	G84	微弱放电找正
G05	*X* 轴镜像	G90	绝对坐标
G06	*Y* 轴镜像	G91	相对坐标
G07	*X*、*Y* 轴交换	G92	确定起点坐标值
G08	*X* 轴镜像，*Y* 轴镜像	M00	程序暂停
G09	*X* 轴镜像，*X*、*Y* 轴交换	M02	程序结束
G10	*Y* 轴镜像，*X*、*Y* 轴交换	M05	接触感知解除
G11	*Y* 轴镜像，*X* 轴镜像，*X*、*Y* 轴交换	M98	调用子程序
G12	消除镜像	M99	调用子程序结束
G40	取消间隙补偿	T82	工作液保持 OFF
G41	左偏移间隙补偿	T83	工作液保持 ON
G42	右偏移间隙补偿	T84	打开工作液
G50	取消锥度	T85	关闭工作液
G51	锥度左偏	T86	送电极丝（阿奇公司）
G52	锥度右偏	T87	停止送丝（阿奇公司）
G54	加工坐标系 1	T80	送电极丝（沙迪克公司）
G55	加工坐标系 2	T81	停止送丝（沙迪克公司）
G56	加工坐标系 3	W	下导轮到工作台面高度
G57	加工坐标系 4	H	工作台厚度
G58	加工坐标系 5	S	工作台面到上导轮高度

（1）快速定位指令 G00　线切割机床在没有脉冲放电的情况下，以点定位控制方式快速移动到指定位置。它只是指定点位置，而不能加工工件。程序格式如下：

G00 X __ Y __；

（2）直线插补指令 G01。直线插补指令是最基本的一种直线运动指令，可使机床加工任意斜率的直线轮廓或用直线逼近的曲线轮廓。程序格式如下：

G01 X __ Y __；

图 4-23 所示为从起点 *A* 直线插补到指定点 *B*，其程序如下：

G01 X16000 Y20000；

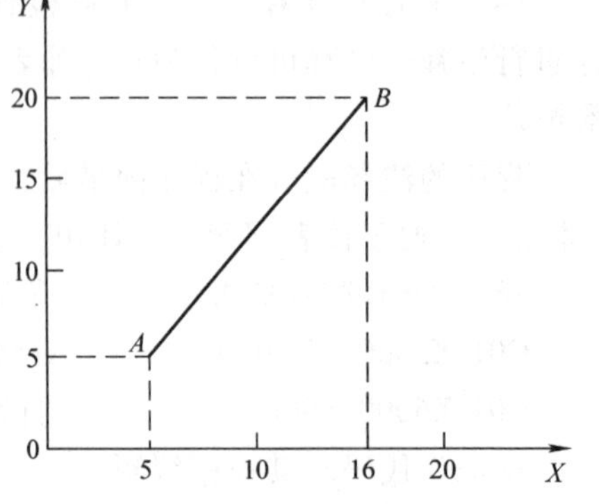

图 4-23　从起点 *A* 加工到指定点 *B*

目前，可加工锥度的电火花线切割数控机床具有 X、Y 坐标轴及 U、V 附加轴工作台，其程序段格式如下：

G01 X __ Y __ U __ V __;

（3）圆弧插补指令 G02、G03　G02 为顺时针圆弧插补；G03 为逆时针圆弧插补。用圆弧插补指令编写的程序段格式如下：

G02 X __ Y __ I __ J __;

G03 X __ Y __ I __ J __;

其中，X、Y——圆弧终点坐标；

I、J——圆心坐标，是圆心相对圆弧起点在 X、Y 轴方向上的增量值。

图 4-24 所示为从起点 A 加工到指定点 B，再从点 B 加工到指定点 C，其程序如下

G02 X15000 Y10000 I5000 J0;

G03 X20000 Y5000 I5000 J－5000;

（4）坐标指令 G90、G91。

G90 为绝对坐标编程指令，当采用该指令时，代表程序中的尺寸是按照绝对尺寸给定的，即移动指令终点坐标值 X、Y，都是以工件坐标系原点（程序的零点）为基准来计算的。

G91 为相对坐标编程指令，也称为增量坐标编程指令。当采用该指令时，代表程序中的尺寸是按照相对尺寸给定的，即坐标值均以前一个坐标位置作为起点来计算下一点的位置值。3B、4B 程序均采用此方法来计算坐标点。

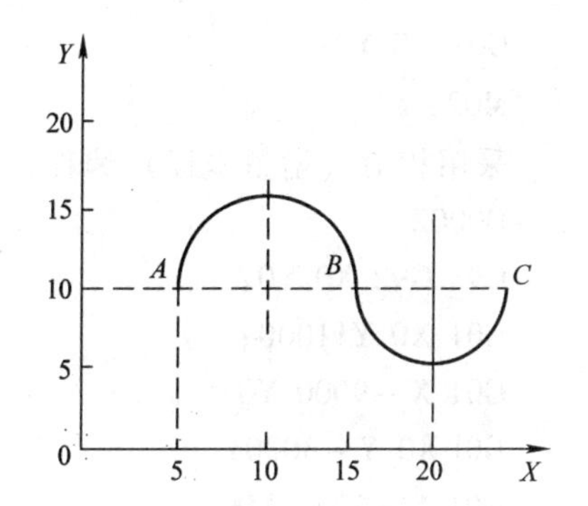

图 4-24　从起点 A 加工到指定点 C

用绝对坐标或相对坐标编写的指令段格式如下：

G90;

G91;

（5）确定起点坐标值指令 G92　G92 指定电极丝当前位置在编程坐标系中的坐标值，一般情况下将此坐标值作为加工程序的起点。用确定起点坐标指令编写的指令段格式如下

G92 X __ Y __;

为图 4-25 所示的凸模零件编程。指定起点为 A，假设不考虑电极丝半径和放电间隙，加工路线为 $A→B→C→D→E→F→G→H→I→J→A$。

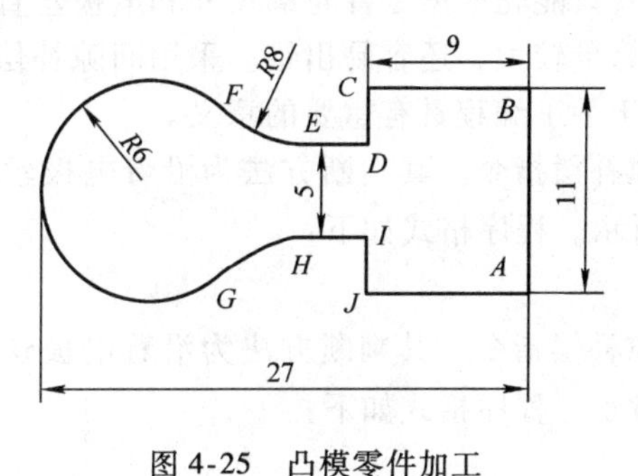

图 4-25　凸模零件加工

采用绝对坐标编程，其程序如下：

O0001；

G90 G92 X0 Y0；	采用绝对坐标编程，定起点坐标（0，0）
G01 X0 Y11000；	直线加工 $A \rightarrow B$
G01 X－9000 Y11000；	直线加工 $B \rightarrow C$
G01 X－9000 Y8000；	直线加工 $C \rightarrow D$
G01 X－11740 Y8000；	直线加工 $D \rightarrow E$
G02 X－17031 Y10658 I0 J8000；	顺时针加工圆弧 $E \rightarrow F$
G03 X－17031 Yl000 I－3969 J4500；	逆时针加工圆弧 $F \rightarrow G$
G02 X－11740 Y3000 15292 J6000；	顺时针加工圆弧 $G \rightarrow H$
G01 X－9000 Y3000；	直线加工 $H \rightarrow I$
G01 X－9000 Y0；	直线加工 $I \rightarrow J$
G01 X0 Y0；	直线加工 $J \rightarrow A$
M02；	

采用相对（增量坐标）编程，其程序如下：

O0002

G91 G92 X0 Y0；	采用相对坐标编程，定起点坐标（0，0）
G01 X0 Y11000；	直线加工 $A \rightarrow B$
G01 X－9000 Y0；	直线加工 $B \rightarrow C$
G01 X0 Y－3000；	直线加工 $C \rightarrow D$
G01 X－2740 Y0；	直线加工 $D \rightarrow E$
G02 X－5291 Y2658 I0 J8000；	顺时针加工圆弧 $E \rightarrow F$
G03 X0 Y9000 I－3969 J4500；	逆时针加工圆弧 $F \rightarrow G$
G02 X5291 Y2658 I5292 J6000；	顺时针加工圆弧 $G \rightarrow H$
G01 X2740 Y0；	直线加工 $H \rightarrow I$
G01 X0 Y－3000；	直线加工 $I \rightarrow J$
G01 X9000 Y0；	直线加工 $J \rightarrow A$
M02；	程序结束

（6）间隙补偿指令 G41、G42、G40　线切割机床加工零件时，实际是电极丝中心点沿着零件尺寸移动，由于电极丝自身的半径，加上放电间隙等，会产生一定的尺寸误差。如果没有间隙补偿指令，就只能先根据零件轮廓尺寸和电极丝直径及放电间隙计算出电极丝中心点的轨迹尺寸，计算量较大，还容易出错。采用间隙补偿指令，不仅能简化编程难度，还可提高准确性，对于手工编程具有重要的意义。

1）G41 为左偏移间隙补偿指令。其判断方法为沿着电极丝加工的方向看，电极丝在工件的左边，如图 4-26 所示。程序格式如下：

G41 D __；

2）G42 为右偏移间隙补偿指令。其判断方法为沿着电极丝加工的方向看，电极丝在工件的右边，如图 4-26 所示。程序格式如下：

G42 D __；

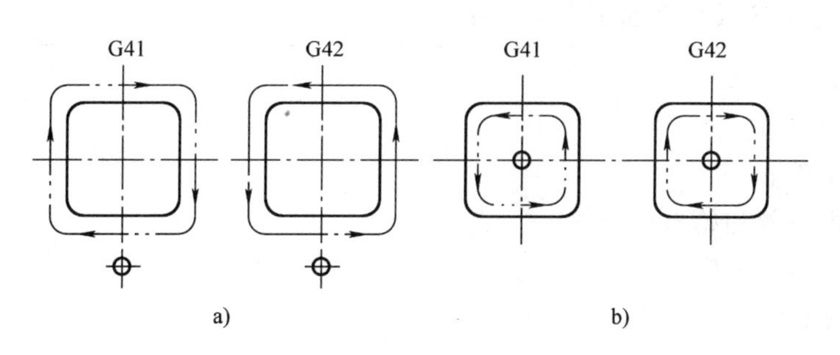

图 4-26　偏移方向的确定

a）凸模加工　b）凹模加工

3）G40 为取消间隙补偿指令。程序格式如下：G40；

程序段中，D 表示补偿值为电极丝半径与放电间隙之和。

电极丝半径补偿的建立和取消与数控铣削加工中的刀具半径补偿的建立和取消过程完全相同。图 4-27 所示为补偿建立的过程。在 1 段中无补偿，电极丝中心轨迹与编程轨迹重合。2 段中补偿从无到有，称为补偿的初始建立段，规定这一段只能用直线插补指令，不能用圆弧插补指令，否则会出错。3 段中补偿已经建立，故称为补偿进行段。

撤销补偿时也只能在直线段上进行，在圆弧段撤销补偿时将会引起错误，如图 4-28 所示。

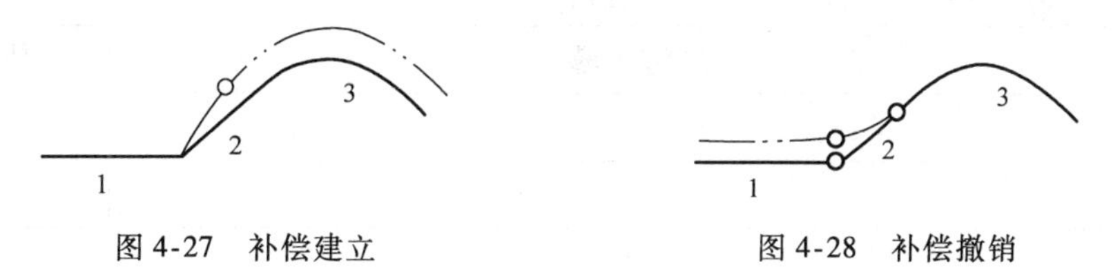

图 4-27　补偿建立　　　　图 4-28　补偿撤销

正确的方式：G40 G01 X0 Y0；

错误的方式：G40 G02 X20 Y0 110 J0；

当补偿值为零时，运动轨迹与撤销补偿一样，但补偿模式并没有被取消。当补偿值大于圆弧半径或两线段间距的 1/2 时，就会发生过切，在某些情况下，过切有可能会中断程序的执行。因此必须注意零件的允许补偿值。

二	工艺分析内容引导

（1）毛坯准备　工件材料为 Cr12MoV，采用尺寸为 160mm × 120mm × 25mm 的毛坯（工件表面已磨）。

（2）数控线切割加工工艺的制订　采用直径为 ϕ0.18mm 钼丝，安装并找正钼丝（从 *X*、*Y* 两个方向），采用悬臂支撑方式装夹工件，用百分表找正调整工件，使工件的底平面和工作台平行，工件的直角侧面和工作台 *X*、*Y* 互相平行。上丝、紧丝，使电极丝的松紧适宜；调整电极丝的垂直度，即电极丝与工件的底平面（装夹面）垂直；确定线切割方案。

三	电火花线切割加工方法引导
1）开机。 2）安装电极丝。 3）安装工件。 4）调整电极丝初始坐标位置。 5）输入与运行程序。 6）检测零件。 7）关机。	

4.3.3 计划

根据任务内容制订小组任务计划，简要说明任务实施过程的步骤及注意事项。填写冲裁模凹模零件的数控电火花线切割加工计划单（表4-22）。

表4-22 冲裁模凹模零件的数控电火花线切割加工计划单

学习领域	电火花加工技术			
学习情境4	数控电火花线切割加工		学时	20学时
任务4.3	冲裁模凹模零件的数控电火花线切割加工		学时	7学时
计划方式	小组讨论			
序号	实施步骤		使用资源	
制订计划说明				
计划评价	评语：			
班级		第　　组	组长签字	
教师签字			日期	

4.3.4 决策

各小组之间讨论工作计划的合理性和可行性，进行计划方案讨论，选定合适的工作计划，进行决策，填写冲裁模凹模零件的数控电火花线切割加工决策单（表4-23）。

表4-23 冲裁模凹模零件的数控电火花线切割加工决策单

<table>
<tr><td>学习领域</td><td colspan="7">电火花加工技术</td></tr>
<tr><td>学习情境4</td><td colspan="5">数控电火花线切割加工</td><td>学时</td><td>20学时</td></tr>
<tr><td>任务4.3</td><td colspan="5">冲裁模凹模零件的数控电火花线切割加工</td><td>学时</td><td>7学时</td></tr>
<tr><td colspan="6">方案讨论</td><td>组号</td><td></td></tr>
<tr><td rowspan="16">方案决策</td><td>组别</td><td>步骤
顺序性</td><td>步骤
合理性</td><td>实施可
操作性</td><td>选用工具
合理性</td><td colspan="2">原因说明</td></tr>
<tr><td>1</td><td></td><td></td><td></td><td></td><td colspan="2"></td></tr>
<tr><td>2</td><td></td><td></td><td></td><td></td><td colspan="2"></td></tr>
<tr><td>3</td><td></td><td></td><td></td><td></td><td colspan="2"></td></tr>
<tr><td>4</td><td></td><td></td><td></td><td></td><td colspan="2"></td></tr>
<tr><td>5</td><td></td><td></td><td></td><td></td><td colspan="2"></td></tr>
<tr><td>1</td><td></td><td></td><td></td><td></td><td colspan="2"></td></tr>
<tr><td>2</td><td></td><td></td><td></td><td></td><td colspan="2"></td></tr>
<tr><td>3</td><td></td><td></td><td></td><td></td><td colspan="2"></td></tr>
<tr><td>4</td><td></td><td></td><td></td><td></td><td colspan="2"></td></tr>
<tr><td>5</td><td></td><td></td><td></td><td></td><td colspan="2"></td></tr>
<tr><td>1</td><td></td><td></td><td></td><td></td><td colspan="2"></td></tr>
<tr><td>2</td><td></td><td></td><td></td><td></td><td colspan="2"></td></tr>
<tr><td>3</td><td></td><td></td><td></td><td></td><td colspan="2"></td></tr>
<tr><td>4</td><td></td><td></td><td></td><td></td><td colspan="2"></td></tr>
<tr><td>5</td><td></td><td></td><td></td><td></td><td colspan="2"></td></tr>
<tr><td>方案评价</td><td colspan="7">评语：（根据组内的决策，对照计划进行修改并说明修改原因）</td></tr>
<tr><td>班级</td><td></td><td>组长签字</td><td></td><td>教师签字</td><td></td><td colspan="2">月 日</td></tr>
</table>

4.3.5 实施

1. 实施准备

任务实施准备主要有场地准备、教学仪器（工具）准备、资料准备，见表4-24。

表4-24 冲裁模凹模零件的数控电火花线切割加工实施准备

学习情境4	数控电火花线切割加工	学时	20学时
任务4.3	冲裁模凹模零件的数控电火花线切割加工	学时	7学时
重点、难点	ISO格式（G代码）数控程序		
场地准备	特种加工实训室（多媒体）		
资料准备	1. 刘虹．数控加工编程及操作．北京：机械工业出版社，2011。 2. 杨武成．特种加工．西安：西安电子科技大学出版社，2009。 3. 数控电火花线切割机床使用说明书。 4. 数控电火花线切割机床安全技术操作规程。		
教学仪器（工具）准备	数控电火花线切割机床		
教学组织实施			
实施步骤	组织实施内容	教学方法	学时
1			
2			
3			
4			
5			

2. 实施任务

依据计划步骤实施任务，并完成作业单的填写。冲裁模凹模零件的数控电火花线切割加工作业单见表4-25。

表 4-25　冲裁模凹模零件的数控电火花线切割加工作业单

<table>
<tr><td>学习领域</td><td colspan="5">电火花加工技术</td></tr>
<tr><td>学习情境 4</td><td colspan="3">数控电火花线切割加工</td><td>学时</td><td>20 学时</td></tr>
<tr><td>任务 4.3</td><td colspan="3">冲裁模凹模零件的数控电火花线切割加工</td><td>学时</td><td>7 学时</td></tr>
<tr><td>作业方式</td><td colspan="5">小组分析、个人解答，现场批阅，集体评判</td></tr>
<tr><td></td><td colspan="5">利用 ISO 格式编制图 4-22 所示凹模的电火花线切割程序。</td></tr>
<tr><td colspan="6">作业解答：</td></tr>
<tr><td colspan="6">作业评价：</td></tr>
<tr><td>班级</td><td></td><td>组别</td><td></td><td>组长签字</td><td></td></tr>
<tr><td>学号</td><td></td><td>姓名</td><td></td><td>教师签字</td><td></td></tr>
<tr><td>教师评分</td><td></td><td>日期</td><td colspan="3"></td></tr>
</table>

4.3.6 检查评价

学生完成本学习任务后，应展示的结果有完成的计划单、决策单、作业单、检查单、评价单。

1. 冲裁模凹模零件的数控电火花线切割加工检查单（表4-26）。

表4-26 冲裁模凹模零件的数控电火花线切割加工检查单

<table>
<tr><td>学习领域</td><td colspan="5">电火花加工技术</td></tr>
<tr><td>学习情境4</td><td colspan="3">数控电火花线切割加工</td><td>学时</td><td>20学时</td></tr>
<tr><td>任务4.3</td><td colspan="3">冲裁模凹模零件的数控电火花线切割加工</td><td>学时</td><td>7学时</td></tr>
<tr><td>序号</td><td>检查项目</td><td colspan="2">检查标准</td><td>学生自查</td><td>教师检查</td></tr>
<tr><td>1</td><td>任务书阅读与分析能力，正确理解及描述目标要求</td><td colspan="2">准确理解任务要求</td><td></td><td></td></tr>
<tr><td>2</td><td>与同组同学协商，确定人员分工</td><td colspan="2">较强的团队协作能力</td><td></td><td></td></tr>
<tr><td>3</td><td>查阅资料能力，市场调研能力</td><td colspan="2">较强的资料检索能力和市场调研能力</td><td></td><td></td></tr>
<tr><td>4</td><td>资料的阅读、分析和归纳能力</td><td colspan="2">较强的分析报告撰写能力</td><td></td><td></td></tr>
<tr><td>5</td><td>检查冲裁模凹模零件的电火花线切割加工程序</td><td colspan="2">程序是否合理、正确</td><td></td><td></td></tr>
<tr><td>6</td><td>安全生产与环保</td><td colspan="2">符合“5S”要求</td><td></td><td></td></tr>
<tr><td>检查评价</td><td colspan="5">评语：</td></tr>
<tr><td>班级</td><td></td><td>组别</td><td></td><td>组长签字</td><td></td></tr>
<tr><td>教师签字</td><td colspan="3"></td><td>日期</td><td></td></tr>
</table>

2. 冲裁模凹模零件的数控电火花线切割加工评价单（表4-27）。

表4-27 冲裁模凹模零件的数控电火花线切割加工评价单

学习领域	电火花加工技术				
学习情境4	数控电火花线切割加工			学时	20学时
任务4.3	冲裁模凹模零件的数控电火花线切割加工			学时	7学时
评价类别	评价项目	子项目	个人评价	组内互评	教师评价
专业能力（60%）	资讯（8%）	搜集信息（4%）			
		引导问题回答（4%）			
	计划（5%）	计划可执行度（5%）			
	实施（12%）	工作步骤执行（3%）			
		功能实现（3%）			
		质量管理（2%）			
		安全保护（2%）			
		环境保护（2%）			
	检查（10%）	全面性、准确性（5%）			
		异常情况排除（5%）			
	过程（15%）	使用工具规范性（7%）			
		操作过程规范性（8%）			
	结果（5%）	结果质量（5%）			
	作业（5%）	作业质量（5%）			
社会能力（20%）	团结协作（10%）				
	敬业精神（10%）				
方法能力（20%）	计划能力（10%）				
	决策能力（10%）				
评价评语	评语：				

班级		组别		学号		总评	
教师签字		组长签字		日期			

4.3.7 实践中常见问题解析

（1）电极丝初始位置的确定　线切割加工前，应将电极丝调整到切割的起始位置上，可通过找正穿丝孔来实现。

（2）穿丝孔位置的确定　确定穿丝孔位置应遵循以下原则：

1）当切割凸模需要设置穿丝孔时，其位置可选在加工轨迹的拐角附近，以简化编程。

2）切割凹模等零件的内表面时，将穿丝孔设置在工件对称中心上，对编程、计算和电极丝定位都较方便。这些大型工件，应将穿丝孔设置在靠近加工轨迹的边角处或选在已知坐标点上。

3）要在一块毛坯上切割出两个以上的零件或加工大型工件时，应沿加工轨迹设置多个穿丝孔，以便发生断丝时能就近重新穿丝，切入断丝点。

参考文献

[1] 汤家荣. 模具特种加工技术 [M]. 北京：北京理工大学出版社，2010.
[2] 杨武成. 特种加工 [M]. 西安：西安电子科技大学出版社，2009.
[3] 张若锋，邓健平. 数控加工实训 [M]. 北京：机械工业出版社，2011.
[4] 周晓宏. 数控加工工艺与设备 [M]. 北京：机械工业出版社，2011.
[5] 周湛学，刘玉忠. 数控电火花加工及实例详解 [M]. 北京：化学工业出版社，2013.
[6] 刘晋春，等. 特种加工 [M]. 北京：机械工业出版社，2007.
[7] 廖慧勇. 数控加工实训教程 [M]. 成都：西南交通大学出版社，2007.
[8] 刘虹. 数控加工编程及操作 [M]. 北京：机械工业出版社，2011.
[9] 陈江进，雷黎明. 数控加工编程与操作 [M]. 北京：国防工业出版社，2012.